よくわかる
IATF16949
自動車セクター規格のすべて

長谷川武英・西脇孝 著

日刊工業新聞社

まえがき

　2010年に発刊された「よくわかる ISO/TS16949 自動車セクター規格のすべて　第2版（2009年版対応）」から6年余り、また初版（2002年版対応）からは11年の月日が経った。その間、読者諸氏からは有意義なコメントを数多くいただいた。この度、これらの叱咤激励の結果も踏まえ、新規格となった「IATF16949」に対応する本書を発刊できたことに対し、読者並びに関係者の皆様に深く感謝したい。

　今、自動車産業は IoT（モノのインターネット）化により歴史的な転換期を迎えており、自動車の存在価値や概念さえもが変わろうとしている。自動車がスマホ化するコネクティッドカーをはじめ、AI（人工知能）によって画像認識をしながら走る自動運転車では、レベル2[*1]と言われる部分的な自動化が実現し、市販車もすでに登場している。自動車メーカーや総合部品メーカーが生き延びていくためには、google や Apple をはじめとした IT 関連企業のもつ技術を取り込むことが不可欠だと言われており、すでに両者の提携が世界中で始まっている。こうした背景から自動車用電子部品は今後大きく成長する分野だと目されている。センサー、組込みソフトを利用した自動車の IoT 化は、メカ部品の設計・開発にも大きな影響を与える。例えば電波を妨げない高精度ガラスの開発など、IoT に対応する部品自体の技術開発の重要性が増してくるからだ。

　他方、地球環境という面では、地球温暖化防止の動きが見逃せない。CO_2 削減が世界的な枠組みで議論されており、化石燃料から電気エネルギー（EV：電気自動車）、水素エネルギー（FCV：燃料電池車）への乗り換えが加速している。米国カリフォルニア州の「ZEV 規制」[*2]が実施されれば各国による環境規制は一気に加速する。そのほか、行政の対応は、自動車安全基準、自動運転に対応する交通関連法規制、水素に対する高圧ガス保存法など、社会のインフ

[*1] 自動運転のレベル定義

レベル1	安全運転支援	加速、操縦、ブレーキのうち1つの操作をシステムがおこなう
レベル2	部分的な自動化	加速、操縦、ブレーキのうち複数の操作をシステムがおこなう
レベル3	条件付きの自動化	加速、操縦、ブレーキの全操作をシステムがおこない、システムが要請した際にドライバーが対応する
レベル4	完全自動運転	ドライバーが運転に関与せず、フルタイムでシステムが運転作業をおこなう

[*2] ZEV（Zero Emission Vehicle）
　カリフォルニア州の規制で、販売台数が2万台以上のメーカーが対象で、ZEV と定義される EV、FCV を一定比率以上販売することが要求される。ZEV 比率は大規模メーカーと中規模メーカーで異なり、2018年モデルイヤーから夫々4.5％、2.9％から2025年の22％、9.2％と段階的に強化される。ハイブリッド車は ZEV 対象とはならないが、クレジットが低い TZEV という新カテゴリで PHB（プラグインハイブリッド車）及びレンジエクスエクステンダー付き EV が含まれる。

まえがき

ラストラクチャーにも大きく関わってくる。さらにここにきて、自動車の使われ方の変化が自動車産業全体に大きなインパクトをもたらすことが予想されている。マイカー（所有）からライドシェア（共有）（ウーバー等）によるビジネスモデルの変化の動きがそれである。

IoT化、AI化という社会の大きな変化の中で、自動車産業の「モビリティー革命」はすでに始まっている。

このような時代を迎え、自動車セクター規格が、ISO/TS16949から新たな名称「IATF16949」として2016年10月に発行された。

IATF16949では、ISO9001：2015品質マネジメントシステム規格（JIS Q 9001：2015、2015年9月15日発行）を補足する自動車産業QMS規格として、市場で起きている様々な問題に対応した「自動車固有要求事項」、「監査で指摘が多い事項」、および「IATF顧客固有要求事項（CSR）で共通的な事項」の追加や具体化を取り込み、要求事項が大きく変化した。

ISO9001：2015では事業プロセスと品質マネジメントシステム（QMS）の統合がトップマネジメントの役割として追加され、プロセスアプローチとPDCAに加えて「リスクに基づく考え方」が導入された。この意義は、QMSを事業マネジメントと一体化して運用することで、形骸的なQMSから脱却することにある。

タカタのエアーバッグリコール（2014年）、独VWのディーゼル車の排ガス不正（2015年）、三菱自動車の燃費不正（2016年）等、ここ数年、過去に例を見ないメガサイズの製品リコールや企業不祥事が相次いで発覚している。これらの問題は、いずれも法規制の重大な違反であり、品質活動に従事している要員の不備というより、経営管理層のマネジメントの問題やコンプライアンスに対する企業体質も原因の一つと言える。ISO9001やISO/TS16949等QMSの認証を維持していても、問題の防止に役立たなかったとみる向きもあった。新規格に盛り込まれたQMSと事業マネジメントのプロセスの統合は、形骸的なQMSを廃し、このような問題に対してもリスクに基づく考え方を適用することで予防処置として機能することが期待されている。

この点について本書では、自動車リコールに関する事例の掘り下げを第7章で扱うとともに、第4章の内部監査では、潜在的なリスク検出方法についても解説している。

本書は、IATF16949の基本的な知識を提供することを目的としている。ISO/TS16949からIATF16949への認証移行を計画している企業、または自動車産業への新規参入を目標にISO9001の更なる改善を望む組織に対しても、自動車産業の成熟したQMSの運用方法を紹介し、ヒントを提供することを意図している。特に、対象としたい読者は、経営層、プロセスオーナー、内部監査員、第2者監査員、品質部門要員であり、各章の冒頭に、読者層に対する"おすすめ度"を表示してある。

著者（長谷川 武英）は、日本適合性認定協会（JAB）が実施した「ISO9001：2015改定に

関する認証制度関係機関向けセミナー」の講師を務めており、その経験を活かしISO9001：2015移行審査からの事例、および自動車部品企業の内部監査教育の経験も取り入れて全般を解説する。一方、共著者である西脇孝は、IATF16949の審査会社SRI-JICQAコーポレーション代表取締役社長であり、現役の認証審査員としても活躍している。ISO/TS16949の豊富な審査経験から得られた有益な情報をもとに第5章で審査関連事項を解説すると共に、第3、第4章において審査での視点を加筆している。

　本書が自動車産業QMSについての新たな発見、そしてIATF16949認証の有効なガイドとなれば著者として、このうえない喜びである。

　2017年1月吉日

長谷川　武英

目　次

まえがき　*i*

序章　IATF16949 の目指すもの ……………………………………… *1*

0.1　IATF16949 の主要変化点に関する考察 ………………………… *1*
0.2　事業プロセスと QMS の統合という観点 ………………………… *2*

第 1 章　自動車産業と品質マネジメントシステム ………………… *5*

1.1　進化する自動車産業と自動車の製品特性 ………………………… *5*
1.2　世界における日本の自動車産業 …………………………………… *7*
1.3　自動車産業の品質マネジメントシステム規格の歴史と進化 …… *8*
1.4　IATF16949 への移行 ……………………………………………… *11*

第 2 章　ISO9001 と IATF16949 の基本 …………………………… *13*

2.1　品質マネジメントシステム（QMS）とは ……………………… *13*
2.2　品質マネジメントの 7 原則 ……………………………………… *14*
2.3　品質マネジメントシステムの有効性 …………………………… *17*
2.4　プロセスアプローチ ……………………………………………… *17*
2.5　リスクに基づく考え方 …………………………………………… *24*
2.6　事業プロセスと品質マネジメントシステムの統合 …………… *25*
2.7　自動車産業 QMS の特有事項 …………………………………… *26*
［コラム］わが国における TQM の歴史と品質マネジメントの原則 … *31*

第 3 章　ISO9001 及び IATF16949 要求事項の要点と対応 …… *33*

3.1　両規格の注目すべき規格の要点 ………………………………… *33*
3.2　要求事項の要点と対応 …………………………………………… *35*
　　4.　　組織の状況 ……………………………………………… *35*
　　5.　　リーダーシップ ………………………………………… *39*

v

目次

6.	計画	42
7.	支援	48
8.1	運用の計画及び管理	61
8.2	製品及びサービスに関する要求事項	61
8.3	製品及びサービスの設計・開発	65
8.4	外部から提供されるプロセス、製品及びサービスの管理	76
8.5	製造及びサービス提供	81
8.6	製品及びサービスのリリース	92
9.	パフォーマンス評価	98
10.1	一般	104

第4章　内部監査と第2者監査　111

4.1	内部監査は効果的な経営ツール	111
4.2	ISO19011（JIS Q 19011）マネジメントシステム監査のための指針	113
4.3	内部監査員の力量と選定	113
4.4	内部監査員の教育	116
4.5	ISO/IATFで要求されている内部監査	116
4.6	内部監査プロセスのフロー	119
4.7	プロセスアプローチ型内部監査	119
4.8	監査プログラム	124
4.9	監査チームが行う監査準備	125
4.10	内部監査の実施	128
［コラム］海外生産拠点に対する内部監査の重要性		129
4.11	内部監査のテクニック	130
4.12	有効な指摘	131
4.13	暫定処置（封じ込め）、是正処置及びフォローアップ	135
4.14	品質リスク予防の内部監査アプローチ	136
4.15	内部監査プログラムの有効性	140
4.16	マネジメントレビュー	140

第5章　IATF16949の認証制度　143

5.1	IATF16949認証制度の特徴	143
5.2	IATF16949の認証審査について	145

5.3　IATF16949 審査の焦点 148

第6章　品質コアツールの活用 151

6.1　品質コアツールについて 151
6.2　故障モード影響解析 152
　　ケーススタディ　　自動車の DFMEA 159
6.3　統計的工程管理手法 162
6.4　測定解析 167

第7章　自動車産業の社会的責任（CSR）と リコール（回収、無償修理） 173

7.1　自動車のリコール 173
7.2　安全基準に対する認識 175
7.3　製品安全のための開発 177
7.4　リコール事例にみる問題分析 179
［コラム］アメリカの自動車リコールシステム 183

付録　要求事項への適合証拠となる活動及び文書 185

4.　組織の状況 185
5.　リーダーシップ 186
6.　計画 187
7.　支援 188
8.　運用 190
9.　パフォーマンス評価 201
10.　改善 204

引用・参考文献 205
索　引 206

序章
IATF16949の目指すもの

　新規格が組織に与える最も大きなインパクトは、今まで「ISO/TS16949認証範囲」で運用していたプロセスを組織の事業プロセスと統合することにある。すなわちIATF16949のベースであるISO9001：2015品質マネジメントシステムの特徴は、「プロセスアプローチ」、「PDCAサイクル」、「リスクに基づく考え方」で、組織の事業マネジメントのプロセスと一体化して運用されることだ。プロセスアプローチとPDCAについてはISO9001：2000からすでに入っている内容だが、特筆すべきは「リスクに基づく考え方」で、この考え方が、品質マネジメントシステム（QMS）の計画、運用、監視、改善のPDCAに導入されている。また自動車固有要求事項にも、リスク思考に基づく要求事項が数多く登場している。例えば、企業責任（Corporate responsibility）、製品安全、リスク分析、予防処置、緊急事態対応、機密保持、サプライヤー選定プロセスなどに盛り込まれている。トップマネジメントの役割・責任についても強化され、事業プロセスとQMSの統合、プロセスアプローチ及びリスクに基づく考え方の利用を促進することが要求された。リスク評価及び内部・外部の課題の決定にトップマネジメントが関わることは、普段から行われていることだが、QMSを組織の事業プロセスと統合することで、単なる認証目的から組織の事業の中でそのまま使えるしくみとして規格に盛り込まれたことになり、組織にとって大きなプラスといえる。

0.1 IATF16949の主要変化点に関する考察

　IATF16949の達成目標（ゴール）として、「欠陥防止、サプライチェーンにおける無駄・バラツキの低減、継続的改善のための品質マネジメントシステムの開発」に変わりはないが、規格要求事項を分析すると以下の背景と変化点が読み取れる。
- 近年発生している世界的な製品リコール、法規制違反、企業不祥事からの教訓と考えられるが、リスク回避の視点が多くの要求事項から読み取れる。これは、ISO9001：2015の概念の一つである「リスクに基づく考え方」に整合したものであり、規格条文の中に使われている"Risk"の文字の多さに驚く（図0.1 リスクの定義）。
- 技術進化の面では、ソフトウェア組込み部品に対する要求事項が追加されている。近年ではリコールの中でも、特にソフトウェア関連が多くなっている。日本の自動車メーカーも、車

載の制御プログラムソフトの設計・開発、検証に「ISO26262 自動車の機能安全規格」を要求しており、今後さらに強化される領域である。
- ISO/TS16949 では直接的に言及されていなかった自動車メーカー要求事項（顧客固有要求事項-CSR）の共通的なものが追加された。QS-9000（米国 AIAG 制定の ISO9000 由来の初めての自動車セクター基準で後に ISO/TS16949 に収斂）にあったものの復活や VDA（ドイツ）の基準等が考慮されている。ISO/TS16949 認証組織で海外顧客と取引している組織は顧客固有要求事項（CSR）として個別の顧客（GM、フォード、VW…）から要求されて実施している内容である。
内容的には、内部監査員資格、第 2 者監査、ワランティーなどである。
- ISO/TS16949 の自動車固有要求事項は基本的に踏襲されているが、より具体的になり、かつ部分的な追加や独立した条項となって強化されている。特に「箇条 8 運用」には ISO 部分に加えて 58 項目の自動車固有要求事項が入って、より具体的な要求になっているので自組織で対応しているプロセスは何なのか詳細な分析が必要である。
- 規格の箇条組立てから見ると、箇条 4 組織の状況、箇条 5 章リーダーシップ 及び 箇条 6 計画が ISO9001：2015 による実質的変化であり、品質マネジメントの根幹となる部分であるが、自動車固有要求事項として、箇条 4 には「製品安全」、箇条 5 には「企業責任」、箇条 6 には「リスク分析」が加えられて自動車 QMS の基本部分となっている。 ISO9001：2015 では削除された「予防処置」は IATF では残っており、また「緊急事態対応計画」は強化されている。ここでもリスク思考が根底にあることに気づく（詳細は本書第 3 章を参照）。

リスク（risk）の定義
（ISO9000：2015／JIS Q 9000：2015 　3.7.9　引用）
不確かさの影響
注記1：
影響とは、期待されていることから、好ましい方向又は好ましくない方向にかい（乖）離することをいう。
（注記2～4省略）
注記5："リスク"という言葉は、好ましくない結果にしかならない可能性の場合に使われることがある。

図 0.1　リスクの定義

0.2　事業プロセスと QMS の統合という観点

ISO/TS16949 の認証審査においては、個別の自動車メーカー顧客固有要求事項（CSR）も

審査対象となっているので、認証された自動車部品組織は、一般の ISO9001 認証組織と比較すると、より現場の実態ベースの運用がされている。しかしながら、大半の組織は認証という側面から、認証範囲（外部審査において審査される範囲）を対象に、規格要求事項に従った品質マニュアルを作成し、要求事項に適合させるための基準文書を定め、それを運用するという規格範囲内の視点であった。

　ISO9001：2015 では組織固有の状況を分析し課題を明確にして、そのソリューションのための活動を事業プロセスと統合させて行うという QMS マネジメントに対する新しい視点が加えられた。基本コンセプトとして、以前からあるプロセスアプローチと PDCA（Plan-Do-Check-Act）の徹底と、新たにリスクに基づく考え方が組み込まれた。

　これは画一的な QMS から、組織固有の目的、戦略的な方向から組織ごとに最適化した QMS を構築し、運営するという方針管理の側面が強くなったといえる。

　個別の要求事項とその対応については、第 3 章の「ISO9001 及び IATF16949 要求事項の要点と対応」にて解説するが、QMS の基本部分である箇条 4、5、6 の中には、企業不祥事、リコール防止などのリスク回避の観点が盛り込まれ、トップマネジメントを含む事業プロセスの上位概念までが認証範囲に入ってきたことが分かる。図 0.2 に ISO9001：2015 のキーワードを示す。

・事業プロセスと品質マネジメントシステム（QMS）の統合
・プロセスアプローチ
・PDCAサイクル
・リスクに基づく考え方

図 0.2　ISO9001：2015 のキーワード

第1章 自動車産業と品質マネジメントシステム

おすすめ度			
経営層	管理責任者/プロセスオーナー	内部監査員/品質要員	新規参入企業
★★☆	★★☆	★★☆	★★★

この章では、自動車産業の現状と将来、自動車の製品特性を理解するとともに自動車産業の品質マネジメントシステム規格の歴史と進化、及びIATF16949への移行について解説する。

1.1 進化する自動車産業と自動車の製品特性

まえがきで述べた、IoT（モノのインターネット）化が自動車の概念を変えるという状況は将来の自動車産業に大きな変化をもたらす疑いのない事実であり、自動運転が実用段階に入ってきた。自動車の進化と合わせて、自動車部品もハードウェアの性能を引き出す制御ソフトウェアの機能と、信頼性の向上が益々重要になってくる（図1.1）。

ここでは自動車産業構造と製品特性を考えてみる。

自動車産業は、鉄鋼を始めとする各種原材料から電子情報通信分野まで、種々の産業分野の製品をサプライチェーンにより高度に複合化する製造産業であり、また世界中の顧客を対象にして、そのニーズを満たすために市場競争力が重要な業界である。自動車産業の裾野は広く、国の基幹産業の1つになるので新興国においても国策として推進している。

製造業の中でも、構成部品の多様化（金属・電機・ゴム・樹脂…の部品）、多数性（1台の自動車に2～3万点の部品）、量産性（大工場では1日2,000台以上も量産）、同期性（部品のジャストインタイム納入）、適法性（安全・環境規制やリコール制度などの厳しい法規制が適用されている）という面で、高い管理レベルが要求される産業である。

第1章　自動車産業と品質マネジメントシステム

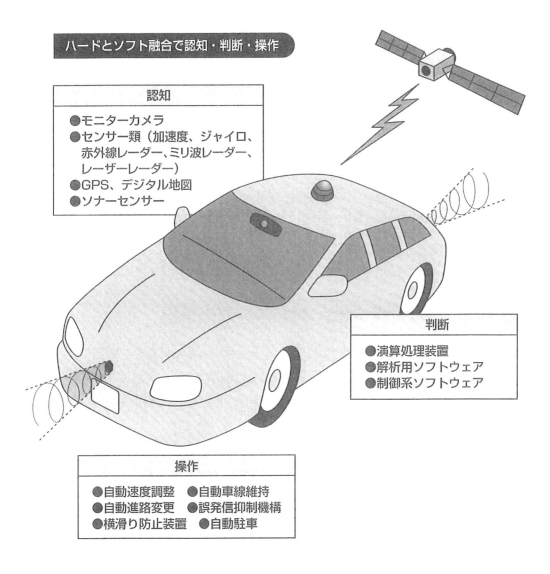

図1.1　自動運転車のイメージ

▶**自動車の製品特性**

① 安全・環境に関する世界各国で異なる法規制／製品認証
② ライフタイム品質保証（開発―製造―アフターサービス―廃車―リサイクル）
③ 材料の多様化（金属から、ゴム、プラスチック、繊維まで）
④ 部品サプライヤーから部品購入（70％以上は専門部品サプライヤーから）
⑤ 最新技術の集結（電子・電機…特に日本はこの分野で世界の自動車部品産業をリードしていたが、中国、台湾、韓国勢が台頭）

⑥ 生産部品の納入同期性（部品1つが欠けても車は完成しない—ジャスト・イン・タイムの部品納入）
⑦ 大規模な製造設備・機器
⑧ 世界各国向けの仕様差による生産管理の複雑性
⑨ ユーザーの多様性（軽自動車から高級乗用車及び大型トラックまで）
⑩ 裾野産業への影響大（自動車1に対して2.1倍の影響と言われている）
⑪ 新モデル開発に対する膨大な費用
⑫ 製造プロセスの多様性（蓄電池、鋳造、金属加工、熱処理、樹脂成型、プレス、溶接、塗装、組立…）

　石油から電気、代替エネルギーへの変革、更なる電子情報技術、コンピューターの発達で、自動車の構造はメカニック製品から、より電気・電子製品に近い形になっていく。また、軽量化車体材料として炭素繊維、高性能合成樹脂など、結果として部品系列は大きく変化する。
自動運転ステップへの進化に伴い自動車制御ソフトウェアの開発と合わせて、新たな法規制、製品安全・性能基準が出てくる。また、自動車の運行に関しては、充電/水素ステーション、ITS（高度道路交通システム）、地図データなどのインフラストラクチャーを始めとして様々なビジネスモデルが起こっていく。

1.2　世界における日本の自動車産業

　2015年の世界の自動車生産台数は、90781千台、第1位中国24503千台（27％）、第2位アメリカ12100千台（13％）、第3位日本　9278千台*（10％）以下ドイツ6033千台、韓国4556千台と続く（図1.2）。2014年との比較では、世界の台数で100万台の増加で中国が77万台の増加、アメリカが44万台の増加、日本は50万台の減少となっている。
　また、国別の販売台数でみると、2015年は中国が2460万台であり、地産地消ということが分かる。日本は販売が505万台で残りの420万台が輸出ということになる。
　日本の自動車輸出は2015年度の貿易統計によると、輸出全体の16.7％、ちなみに電子部品は5.2％で自動車に次ぐ輸出産業である。電子部品産業はスマホ部品、車載機器のセンサー、デバイスとして、性能や品質の高さから優位性が評価されているが、最近では台湾、中国メーカーが技術力をあげてきている。2015年の電子部品の世界生産に占める日系メーカーのシェアは38％となっているが、直近10年で6ポイントほど低下している。自動車、電子部品、機械は日本の基幹産業であり官民挙げてIoT化への対応を進め世界的に優位に立てることが重

---

* 日本メーカーの海外生産分は含んでいない。

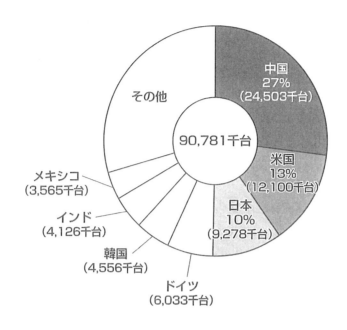

図 1.2　世界の自動車生産（2015 年）

要課題と考える。

1.3　自動車産業の品質マネジメントシステム規格の歴史と進化

(1) 米国ビッグ3から始まった自動車セクター要求基準 QS-9000

　日本の自動車業界は1970年代から、現場QC活動等による品質改善が進み、自動車メーカー系列ごとのサプライヤー管理で目覚しい発展を遂げた。1980年代には日本製自動車の高品質は世界的な常識となり、米国ビッグ3を始めとする欧米自動車メーカーにとって日本の高品質で安価な自動車は脅威となった。そこで米国ビッグ3が取った戦略は自動車部品サプライヤーに対する品質マネジメントシステム認証"QS-9000"であった。

　1994年8月に発行されたQS-9000は、ビッグ3という世界企業発のサプライヤー品質戦略であり、自動車セクターのデファクトスタンダードとして、ISO/TS16949（現在のIATF16949）の基になった。

　QS-9000には日本の自動車業界が実践した現場の品質管理手法なども取り入れられ、特に「APQP」（新製品開発の品質計画）、「PPAP」（生産部品承認プロセス）を始めとして「FMEA」（故障モード影響解析）、SPC（統計的工程管理手法）、MSA（測定システム解析）など自動車業界では日常的に活用している品質管理手法を「コアツール参照マニュアル」としてパッケージ化していることが特色である。セクター規格の優れものであり、その後発行され

1.3 自動車産業の品質マネジメントシステム規格の歴史と進化

- ASQ（米国品質学会）の肝入りによる品質戦略
- 米国発の自動車サプライヤー品質基準
- 日本製自動車品質の脅威
- 米国のPL事情（リコール他）を考慮
- 安全・法規制を重要視
- 日本自動車メーカーで実践したQC手法

図 1.3　1994.8 米国ビッグ 3 から始まった QS-9000

ている他の ISO セクター規格の範ともなっている。

　QS-9000 は ISO9001 に比べて要求事項が非常に具体的で、Q（品質）、C（コスト）、D（出荷納期）のパフォーマンス要求に及んでいる。また自動車の製品特性として、最優先すべき法規制すなわち、安全基準、環境基準（排ガス、騒音等）面の品質管理を厳しく要求しており、リコール防止・回避の施策が要求事項に多く散りばめられていることも特徴である。これは、法規制遵守（コンプライアンス）のための危機管理のための品質システムも含んでいるのである（2000 年に起きたファイアストン／フォードのリコールが象徴しているような PL 社会の米国事情からのニーズがある）。

　Tier（ティア）1 と呼ばれる 1 次サプライヤーに対し、QS-9000 認証取得が取引条件として要求され、その後は Tier2、3 と呼ばれる 2 次、3 次サプライヤーに波及した。その後 ISO/TS16949 が国際規格に準ずる形でが登場したことで、QS-9000 は 2006 年 12 月に廃止された。（図 1.3 参照）

(2) ISO/TS16949 の普及

　ISO/TS16949 は、ISO9001：2000 をベースに、QS-9000（米国）、EAQF（仏規格）、VD6.1（独規格）及び AVSQ（伊規格）が融合してできた、初めての世界基準の自動車セクター規格である。この規格を制定したのは後述の IATF である。

　QS-9000 は、米国という世界的にも突出した PL 社会を背景にカスタマイズされており、要求事項の至るところに米国法規に対応したリコール防止・回避策が入っている。一方、ISO/TS16949 の方は、上記の米国特殊事情の部分の削除や変更を行い、世界スタンダードとして通用するように一般化されている。ISO/TS16949 は、その後 ISO9001：2008 年版の規格改正に伴い ISO/TS16949：2009 として全世界に広く普及した。（図 1.4〜図 1.6）

(3) ISO/TS16949 から IATF16949 へ

　2015 年 9 月に ISO9001 が全面改正されたことに伴い、IATF は ISO/TS16949 の改正を迫られた。その結果 ISO/TS（TS とは Technical Specification 技術仕様書の略で、将来国際規格

- 独（VDA6.1）、仏（EAQF）、伊（AVSQ）の欧州主要自動車生産国の基準を融合
- 米国特有要求事項⇒グローバルSTDへ一般化
- 米、欧主導で実質的にはグローバル自動車品質STD
- QS-9000自動車特有の要求事項はそのままTSへ
- 1999年3月に発行⇒欧州では第三者登録審査開始

図1.4　QS-9000 から ISO/TS 16949

- ISO9000：2000をベースにISO/TS16949：2002へ移行
- ISO/TC176＋IATF（自動車国際作業部会）の共同作業
- 日本はJAMA（日本自動車工業会）がSTD作りに参加（審査スキームは参画せず）
　＊日本はIATFメンバーにはなっていない
- IATF加盟各国の自動車メーカーはTSの導入を表明

図1.5　ISO/TS 16949：2002 へ

ISO9001：2008によりISO/TS16949：2009へ

- ISO9001：2008改訂がそのままTSに反映され、TS第3版となって2009.6.15に発行
- TS自動車固有部分の要求事項については変更なし

図1.6　ISO/TS 16949：2009 へ

にすることを前提とした規格のことを指す）という名称を放棄し、IATF直轄の自動車セクター規格として管理運営することが決定され、2016年10月にIATF16949：2016が発行され現在に至っている。（図1.7参照）

ISO/TS16949からIATF16949へ

- ISO/TS16949：2009のベースとなっているISO9001：2008が2015.9.15に改正され、ISO9001：2015になった。
- 自動車セクター規格は、IATF16949と名称も変わり、単独のQMS規格ではなく、ISO9001：2015の補足としての位置付けになった。
- 認証組織は、2018年9月14日までにISO9001：2015及びIATF16949への移行を完了しなければならない。

図1.7　ISO/TS16949：2009 から IATF16949：2016 へ

1.4　IATF16949 への移行

　日本のTier1部品メーカーの多くは、日本車メーカーの海外進出に伴って、北米、メキシコ、中国、タイ、インド、ベトナムなどに製造拠点を展開している。現在、IATFメンバーの海外自動車メーカーを顧客にもつ部品メーカーは、ISO/TS16949の認証が必須条件となっており、これに基づき自社のQMSを構築して運用しているが、ISO9001：2015改正に伴って発行されたIATF16949への移行を2018年9月14日までに成功裡に完了しなければならない。移行完了期限を考えると2018年の中頃までには完了させる必要があり、特に、設計開発機能を日本に持っている（リモートロケーション）会社は現地の移行審査に先駆け日本においてIAFT16949移行審査を成功裡に完了する必要がある。審査機関の準備もあり、IATF16949の審査が提供できるのは2017年春ごろからとなるので、ISO9001の3年間の移行期間が、IATFでは実質1年余りしかなく、組織側も新規格に対応するための基準文書類の整備、内部監査員教育、そして運用と移行認証取得に対する負荷が時期的に集中する。本書により規格の要点を十分に理解し効率的に対応いただきたいと願っている。

　本書第5章にIATF16949の認証制度について解説する。

IATF メンバー

自動車メーカー（OEM）：BMW グループ、FCA US LLC、ダイムラーAG、FCA イタリア Spa、Ford Motor、General Motors、PSA グループ、ルノー、フォルクスワーゲンAG（9社）

業　界　団　体：AIAG（米）、ANFIA（伊）、FIEV（仏）、SMMT（英）、VDA QMC（独）（5団体）

おすすめ度			
経営層	管理責任者/プロセスオーナー	内部監査員/品質要員	新規参入企業
★★☆	★★★	★★★	★★☆

ISO9001 と IATF16949 の基本

　この章では、ISO9001 と IATF16949 の基礎知識として、品質用語の定義、品質マネジメントの原則、プロセスアプローチ、リスクに基づく考え方、事業モデルと QMS 相関、特徴的な自動車産業 QMS 事項について図表を用いて分かりやすく解説する。

2.1 品質マネジメントシステム（QMS）とは

　ISO9001：2015 と同時に、ISO9000：2015 品質マネジメントシステム-基本及び用語　第 4 版が発行された。この規格では品質マネジメントの原則を始め、各種の品質関連用語の定義が体系的な形で示されている。規格要求事項の解釈に関連して重要なものである。

　重要な品質用語について図 2.1 図 2.2 に示す。

品質マネジメントシステム（QMS）とは
- **マネジメントシステム**（ISO9000：2015　3.5.3）
  方針及び目標、並びにその目標を達成するためのプロセスを確立するための、相互に関連する又は作用する、組織の一連の要素

- **マネジメント**（ISO9000：2015　3.3.3）
  組織を指揮し、管理するための調整された活動

- **品質マネジメント**（ISO9000：2015　3.3.4）
  品質に関するマネジメント

品質方針、品質目標の設定、品質計画、品質保証、品質管理、品質改善を通して品質目標を達成するためのプロセスを含む

図 2.1　品質マネジメントシステム（QMS）とは

13

> ▶品質マネジメントシステム(QMS)と品質保証(QA：Quality Assurance)との違いは？
>
> 　第1世代(1987年)のISO9000「品質保証のための品質システム」は、購入側が供給先に対して要求する製品(または、サービス)に対する品質保証のための品質システムであったが、ISO9000：2000改正により品質システムから品質マネジメントシステムへの大きな変更に伴い、品質保証はQMSの一部であると定義されている。品質保証は製品構想から契約、設計、製造、検査、出荷、アフターサービスという製品ライフを対象にしていると考えれば分かりやすい。

品質計画 (3.3.5) 品質目標を設定すること及び必要な運用プロセスを規定すること、並びにその品質目標を達成するための関連する資源に焦点を合わせた品質マネジメントの一部	品質保証（QA) (3.3.6) 品質要求事項が満たされるという確信を与えることに焦点を合わせた品質マネジメントの一部
品質管理 (3.3.7) 品質要求事項を満たすことに焦点を合わせた品質マネジメントの一部	品質改善 (3.3.8) 品質要求事項を満たす能力を高めることに焦点を合わせた品質マネジメントの一部

図2.2　品質マネジメントシステムの要素

2.2　品質マネジメントの7原則

　ISO9000：2000で「品質システム」から「品質マネジメントシステム」への大きな変革時に導入された概念である。「品質マネジメントの8原則」が2015改訂で7原則になったが、プロセスアプローチとマネジメントへのシステムアプローチが一つになっただけで本質的な変更はなくQMSの基本概念として普遍的なものである。

　これらの原則はTQMとも相通じる内容であり、企業の事業運営に向けた拠りどころとすべきもので、特にリーダーは、この原則を組織内にブレークダウンして啓蒙することで規格要求事項の理解及び自社のQMSへの理解が深まる。また、個々の要求事項の解釈で迷ったとき、この原則で考えると正しい答えが導かれると考える。

● 品質マネジメントの7原則と解説

※ゴシック文字体は JIS Q 9000:2015（ISO9000:2015）2.3 を引用

① **Customer focus　顧客重視：品質マネジメントの主眼は、顧客の要求事項を満たすこと及び顧客の期待を超える努力をすることにある。**

　持続的成功を達成するため、顧客のニーズと期待に結びつく組織の目標を策定すること、顧客満足度を把握し、その結果に対して活動すること、顧客との関係を体系的に管理すること、そして顧客と顧客以外の利害関係者（株主、従業員、サプライヤー、地域社会、監督官庁など）とのバランスのとれた関係を保つことが重要である。変化する市場の状況と顧客ニーズを常に把握して、それに応え、さらにそれを超えるよう努力するのが顧客満足の原点である。

② **Leadership　リーダーシップ：全ての階層のリーダーは、目的及び目指す方向を一致させ、人々が組織の品質目標の達成に積極的に参加している状況を作り出す。**

　リーダー（部門長）は組織の使命、ビジョン、戦略、方針とプロセスを周知させる。組織のすべての階層で価値観を共有化させ、倫理、公平性を保って社員の信頼を確立すると共にモチベーションを与えることが重要である。目標を達成するための動機付け、支援、コミュニケーションを促進して職場環境を醸成することである。

③ **Engagement of people　人々の積極的参加：組織内の全ての階層にいる、力量があり、権限を与えられ、積極的に参加する人々が、価値を創造し提供する組織の実現能力を強化するために必須である。**

　組織の方針・目標を全社員が共有化し、社員の知識、経験、能力を活用して組織の総合力として発揮できるようすべての部門の人達が参画できるような仕組みをつくること。このためには階層を隔てない風通しのよい環境で、全員が目的意識を持ち、役割責任を認識し、問題解決・改善の活動に参画することの意識付けが重要である。非公式な品質活動（QCサークル、5S、3S活動など）を通じて全員参加を促進することもモチベーションを上げる活動の1つである。

④ **Process approach　プロセスアプローチ：活動を、首尾一貫したシステムとして機能する相互に関連するプロセスであると理解し、マネジメントすることによって、**

矛盾のない予測可能な結果が、より効果的かつ効率的に達成できる。

　組織の QMS 各プロセスの定義、目的・目標、責任及びプロセス間の繋がりを明確にしてキーとなる活動を管理することが重要である。狙った結果を得るため、プロセスに必要な経営資源、及び達成基準の明確化と最適な展開方法を定めて計画し、実施し、その結果をレビューして有効性を評価し、更なる改善に結びつけるための PDCA を回すことである。

　各プロセスは、それぞれが他のプロセスと相互に連携し合っている。各プロセス間のインプット、アウトプットを評価しシステムとしての効果、効率、リスクの管理を行うことが重要である。顧客志向プロセスをメインストリームにおき、支援プロセス、マネジメントプロセスとの相互関連を管理することで、システムをより有効で効率的なものになることを意図している。

⑤ Improvement　改善：成功する組織は、改善に対して、継続して焦点を当てている。

　内外の変化に対応し、新たな機会を創造するため、製品、プロセス、システムを改善していくための仕組みであり、すべての階層で改善目標を持つことが重要である。改善プロジェクトの計画、実施、結果のレビューで改善の PDCA を回す。問題解決のプロセスだけでなく、教育・訓練や改善ツール（QC サークル活動など）も有効である。

⑥ Evidence-based decision making　客観的事実に基づく意思決定：データ及び情報の分析及び評価に基づく意思決定によって、望む結果が得られる可能性が高まる。

　KKD（勘、経験、度胸）も大事なファクターであるが、"Facts & Figures"（事実と数値）の科学的根拠が意思決定の基礎で信頼性につながる。顧客フィードバックをはじめ製品、プロセスの活動結果のアウトプット（記録等）の正確な情報を得ること、これらを分析してはじめて的確な意思決定（アクションプラン、目標決定等）が可能となる。

⑦ Relationship management　関係性管理：持続的成功のために、組織は、例えば提供者のような利害関係者との関係をマネジメントする。

　密接に関連する利害関係者の影響を最適化するようにマネジメントすることが重

要である。特に自動車産業は多くのサプライチェーンを構成する供給者に支えられており、目標、情報、将来計画、価値観を共有化することによって、相互信頼が確立されて、ビジネスパートナーとして成り立つのである。また、自動車という製品特性から特に安全・環境面におけるユーザー、関係官庁、従業員、地域住民などの関係を良好に保つことは大事である。

2.3　品質マネジメントシステムの有効性

規格の中に「○○の有効性」という用語がよく登場する。英語では Effectiveness である。図2.3の通り、その分母である Plan-計画（目標、決め事などの基準）がベースであることを忘れてはならない。計画が基礎であり、これが適切でなければ、有効性を評価する意味はない。ISO9001の箇条4、5、6、7はPlanであり、有効性（結果）はISO9001箇条9のパフォーマンス評価のCheckに相当する事項である。

数値目標の場合は達成度合（有効性）が明確に分かるが、それ以外の有効性の評価は、定量的な見方で、いつまでに、どれくらい達成されたかを評価できないといけない。何をどのように分析して計画（目標）を決定したのか（計画の妥当性）、及び計画（目標）の達成要件（経営資源、期間、顧客要求など）を明確にするため、「計画を策定するプロセス」として位置付けるとよい。

$$\text{計画した活動を実行し、計画した結果を達成した程度}$$

$$\text{有効性} = \frac{\text{結果（実績）}}{\text{計画（目標）}}$$

(ISO9000：2015　3.7.11)

図2.3　品質マネジメントの有効性

2.4　プロセスアプローチ

"プロセスアプローチ"という用語はISO9000：2000で登場し、品質マネジメントの原則にも入っている。この用語はISO9001：2015で重要な概念と位置付けられた。

プロセスの定義は以下の通りである。

▶プロセスの定義（ISO9000：2015／JIS Q 9000：2015　3.4.1　引用）；

"インプットを使用して意図した結果を生み出す、相互に関連する又は相互に作用する一連の活動"。プロセスのインプットは通常、他のプロセスからのアウトプットであり、また、プロセスからのアウトプットは、通常、他のプロセスへのインプットである。

ISO9001：2015の4.4「品質マネジメントシステム及びそのプロセス」では、以下のような要求事項になっている。
a) プロセスに必要なインプット、アウトプットの明確化
b) プロセスの順序と相互作用の明確化
c) 判断基準と方法の決定
d) プロセスに必要な資源の明確化
e) 管理者の責任と権限（プロセスオーナー）
f) リスクと機会への取組み
g) プロセスの評価と必要な変更
h) プロセスの改善

プロセスとプロセスアプローチについて解説する。
プロセスは何が対象であるかという見方で、その規模から考えると分かりやすい。
- オクトパスモデル（図2.4）
社会の中における組織を1プロセスで考え、組織と顧客の関係で表したものである。顧客か

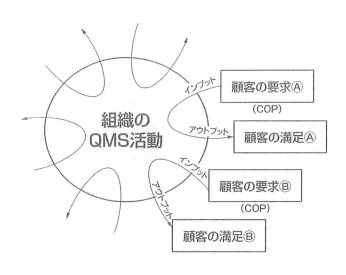

図2.4　オクトパスモデル

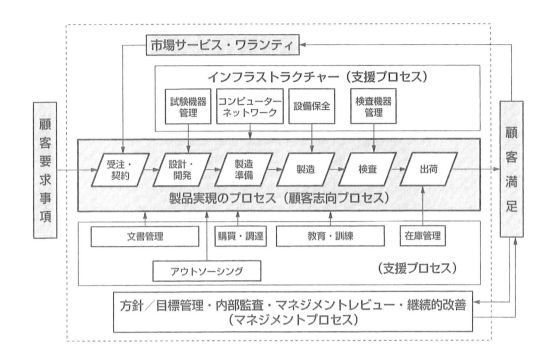

図2.5　自動車産業の基本QMSモデルフロー

らの要求が組織へのインプットとなって、組織のQMS活動の結果がアウトプットとなり顧客に渡されるという構図である。

• 自動車産業の基本QMSモデル（図2.5）
　顧客要求事項が、組織のQMSを構成する各プロセスで繋がり、相互に作用して最終的に製品を顧客にアウトプットしてゆく構図である。

　自動車産業でよく目にする、「品質保証体系図」のようなQMS業務フローがある。このフロー中に特定されている各業務が、一つのプロセス単位であるが、主に製品実現プロセス（すなわち品質保証の領域）であり全てのQMSプロセスが含まれているわけではない。

　この図2.5では顧客（自動車メーカー）からの要求事項を起点とした「顧客志向プロセス」（COP…Customer Oriented Processes）を中心に展開されるQMSのプロセスを次の3つに分けてプロセスを関連づけている。
この考え方は、自動車セクター規格以外にも航空宇宙セクター規格などでも推奨されており、組織のQMSを構成するプロセスを分類しプロセス間の相互作用の理解を容易にしている。
　①「顧客志向プロセス（COP）」（図2.6）

19

② 「支援プロセス」(図 2.7)
③ 「マネジメントプロセス」(図 2.8)

・市場分析／顧客要求事項
・入札／見積り　　　・注文／依頼
・製品及びプロセスの設計
・製品及びプロセスの検証／妥当性確認
・製品の生産　　　　・出荷／納品
・支払い　　　　　　・保証／サービス
・販売後／顧客フィードバック

図 2.6　顧客志向プロセスの例（COP）

・販売／マーケティング
・人的資源／教育訓練
・法規制管理／品質保証
・設備保全
・アウトソーシング
・計測器管理／校正

図 2.7　支援プロセスの例

・品質方針・目標の展開プロセス
・内部監査プロセス
・マネジメントレビューのプロセス
・継続的改善のプロセス

図 2.8　マネジメントプロセスの例

> **要点**
> - 顧客志向プロセスは、顧客との契約及び合意された製品仕様を満たす製品を一貫して満たすための一連の活動であり、組織のコアプロセス（製品実現プロセス）である。その他、図 2.5 にあるような顧客からの指示、要求事項も顧客志向プロセスである。
> - 支援プロセスは、顧客志向プロセスの活動を支援しているインフラストラクチャー、アウトソーシング、文書管理、購買、教育・訓練、在庫管理等のプロセスであり、これら支援プロセスが製品実現プロセスに寄与する。
> - マネジメントプロセスは、組織の方針管理・目標管理、内部監査、マネジメントレビュー、継続的改善などであり、事業マネジメントのプロセスである。事業プロセスと QMS の統合で、このプロセスは重要な位置付けである。

2.4 プロセスアプローチ

- プロセスモデル（図2.9）

自動車セクター規格では、プロセスモデルをタートル図にすることが一般的になっているが、自動車産業の組織で見かけるタートル図は、例えば「設計開発プロセス」、「製造プロセス」というプロセスサイズであり、実際の内部監査員研修などで、より小さいプロセスになると、どこに何を書き入れるか悩んでいるケースをしばしば見受ける。タートル図の作成で悩んだら、このプロセスモデルで考えれば分かりやすい。

図2.9に示すように、プロセスは業務、作業、工程などの活動である。この活動をどの規模（プロセスのサイズ）で、とらえるかでインプット、アウトプットがより具体化され明確になる。

プロセスには、計画（Plan）がある。これは計画、目標、基準、手順などのことで、プロセスをどのように達成するためのルールである。図では「マネジメントプラン」と表している。有効なアウトプットを出すためには、マネジメントプランに加えて、それを実行するための資源が必要である。人、物、情報、（資金）であり、図では「経営資源」と表している。

そして、プロセスの有効性はアウトプット（成果物）を評価することである。プロセスア

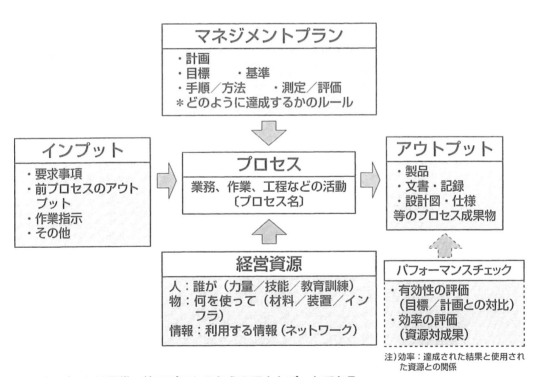

図2.9 プロセスモデル

ローチではこのアウトプット（成果物）が、次のプロセスのインプットとなり、アウトプット→インプット……と繋がってゆくことに着目している。これは前述の図2.5　自動車産業の基本QMSモデルを見れば良く分かる。また一連の製品実現プロセスと、支援プロセスは相互に関連するプロセスになる。

> **要点**
> - プロセスは繋がっている：これは上流のプロセスで良くないアウトプットを出すと、その後のプロセスに悪影響を及ぼすということである。
> - 上流のプロセスは形として見えにくい：顧客との接点、例えば顧客関連プロセスで顧客要求事項が適切にアウトプットされなければ、その後の設計開発プロセス、製造プロセスという後工程のプロセスにおいて悪影響が顕在化してくる。
> - システムの有効性は各プロセスのアウトプットにかかっている：製品実現プロセスのような一連のプロセスの有効性は、相互に関連する支援プロセスのアウトプットに大きな影響を受ける。QMSを構成する全てのプロセスが適切に管理されなければならない。
> - プロセスアプローチは、PDCAサイクルを用いて管理することができる：図2.10、図2.11に示す。

自動車セクター規格でお馴染みの「タートル図」（亀…プロセス名を亀の甲羅にして頭、尾、足）を図2.12示す。これは前述の図2.9のプロセスモデルと基本的には同じであるが、「マネ

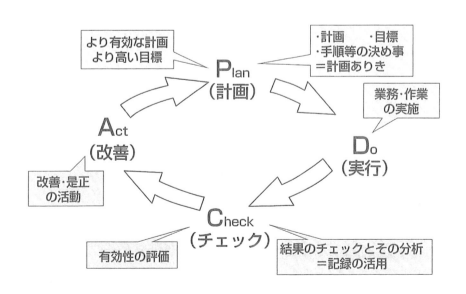

図2.10　「PDCA」の概念図

2.4 プロセスアプローチ

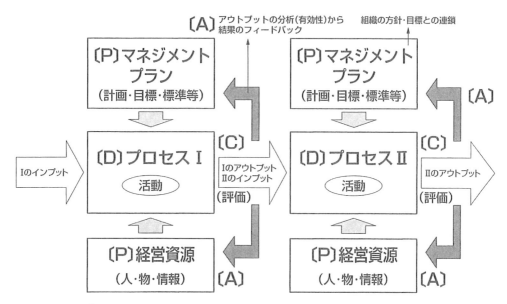

図 2.11 プロセスアプローチの PDCA

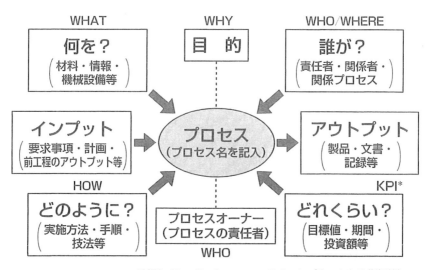

*KPI：Key Performance Criteria（キーとなる指標値）

図 2.12 タートル図

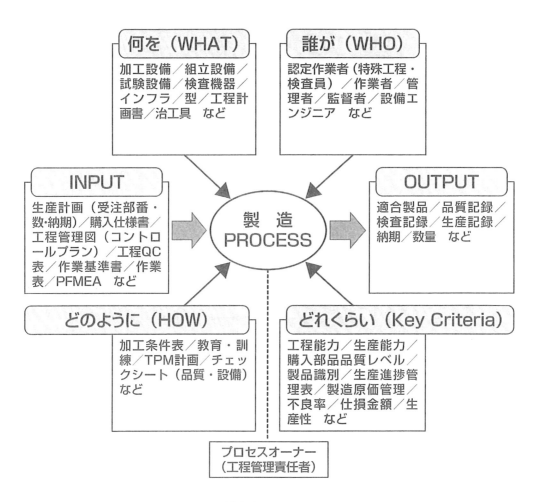

図 2.13　製造プロセスのタートル図

ジメントプラン」と「経営資源」の要素を更に分類している。事例を図 2.13 に示す。このようにタートル図にして、個々のプロセスに対してワークシート化すれば、プロセスの有効性の検証や内部監査において使えるツールとなる。タートル図は特に監査で用いられる有効なツールであり、第 3 者認証機関の審査では、これがないと審査員が効率的な監査を行うことは難しい。

　QMS が成熟した組織の内部監査では、潜在リスクを検出するという目的から課題のあるプロセスに注目するので大きなプロセスよりサブプロセス以下のレベルで検証を行うことが効果的である。そのためには、監査するプロセスレベルでタートル図を作ることを推奨する。

2.5　リスクに基づく考え方

　リスクに基づく考え方は新しい概念ではない。以前から予防処置、再発防止などに具体的に

入っていた。この考え方は QMS のプロセスの計画策定、運用の中で適用するものである。リスクはプロセスごとに異なり、不適合の影響は組織ごとに異なる。プロセスに伴うリスクを考慮し、リスクの程度に応じてプロセスを計画し、管理する厳密さと程度を変えることが重要である。

2.6 事業プロセスと品質マネジメントシステムの統合

トップマネジメントに対する要求事項でもあり、ISO9001：2015 が示した QMS の正しい方向性である。認証が目的化し、事業プロセスから独立した QMS で運用されないよう、経営者（トップマネジメント）が QMS を事業プロセスと一体化して運用することである。組織によっては、従来の QMS にマネジメント領域の上位プロセスや支援プロセスが加わることになるかも知れない。

図 2.14 に事業モデルと QMS の相関図を示す。

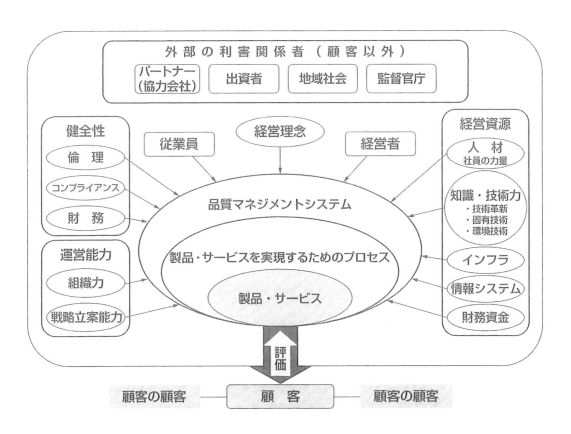

図 2.14　事業モデルと QMS の相関図

2.7 自動車産業 QMS の特有事項

IATF16949 の到達目標、運用の基本及び適用範囲のイメージを図 2.15、2.16、2.17 に示す。

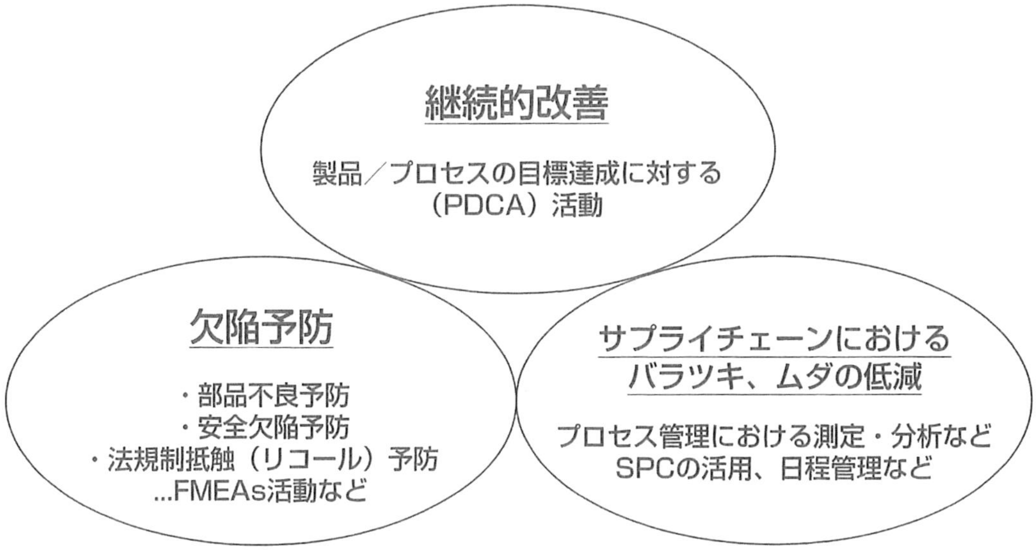

継続的改善
製品／プロセスの目標達成に対する（PDCA）活動

欠陥予防
・部品不良予防
・安全欠陥予防
・法規制抵触（リコール）予防
…FMEAs 活動など

サプライチェーンにおけるバラツキ、ムダの低減
プロセス管理における測定・分析など
SPC の活用、日程管理など

図 2.15　IATF16949 の到達目標

サプライチェーンの QMS 活動
・組織のプロセスに焦点をあてる（プロセスアプローチ）
・P-D-C-A（継続的改善）で運用
　　　　　＋
・　　品質リスクの回避

図 2.16　ATF16949 の運用の基本

ISO9001：2015 に加えて
・組み込みソフトウェア製品を含む設計・開発、生産、組み立て、取り付け、自動車関連製品のサービス、顧客仕様の製造部品、サービスパーツ
・アクセサリー部品の製造サイトに適用
・自動車サプライヤーチェーンを通じて適用

図 2.17　IATF16949 の適用範囲

2.7　自動車産業 QMS の特有事項

▶用語と定義

　IATF16949 箇条 3 では、ISO9000：2015 に加えて自動車産業特有の定義が定められている。合計 41 の用語の定義があるが、いくつかを解説する。

① 　APQP：Advanced Product Quality Planning「新製品の品質計画」

　顧客要求事項を満たす製品又はサービスの開発を支援する、製品品質計画プロセスであり、開発プロセスの手引きとして活用し、組織と顧客との間で結果を共有化する標準的方法でもある。APQP は、特に、設計の頑健性、設計試験及び仕様への適合、生産工程設計、品質検査規格、工程能力、生産能力、製品の荷姿、製品試験及び作業者教育訓練計画をカバーしている（図 2.18）。

② 　コントロールプラン：製品の製造を管理するために要求されるシステム及びプロセスを記述した文書である。付属書 A に記載項目が定められている。「工程 QC 表」としているケースもある。

③ 　設計責任のある組織：既存の製品仕様を変更する権限を持つ場合も適用されるので注意すること。自動車メーカーは専門部品メーカーの図面を「承認図」として、受け入れているところが多い。

④ 　ポカヨケ：この用語訳は QS-9000 からそのまま引き継がれた。製品及び工程設計プロセスで適用されるエラープルーフィングのことである。

⑤ 　上申システム（escalation process）

　問題の打ち上げプロセスと考えればよい。重大な品質問題が起こった時など組織として迅速に対応するための初動プロセス。報告ルート及び時間などを決めている組織もある。

⑥ 　試験所：物性、電気、信頼性などの試験、機器校正などを行う施設。

⑦ 　試験所適用範囲（ラボラトリスコープ）：試験所の品質マニュアルと考えればよい。試験の基準、試験方法、要員の資格、設備の詳細、試験サンプルの処理手順、報告書様式など。

⑧ 　製造フィージビリティ（manufacturing feasibility）

　新製品や生産増量の場合など製造することが技術的に実現可能か否かを判定するための、提案されたプロジェクトの分析及び評価。見積りコスト内で、必要な資源、施設、治工具、生産能力、ソフトウェア、及び必要な技能をもつ要員が、業務支援機能を含めて、提供できるか又は提供できるように計画されているかどうかが含まれる。

⑨ 　部門横断的アプローチ（multi-disciplinary approach）

　いわゆる CFT（部門横断チーム）活動のこと。ケースにより組織内の要員にとどまらず、顧客及び供給者の代表を含めてもよい。特殊特性の設定を始め、種々の活動の中でこのアプローチが要求されている。異なる機能を担当するメンバーがリアルタイムで情報を共有化し、迅速な対応が同時に進められるというメリットがある。自動車産業では多く活用されている。日常的な例としては、生産現場において、製造、生産技術、品証、検査などの部門が集まり問題の共有、対応等について毎朝ミーティングするような活動もこれに該当する。

第2章 ISO9001とIATF16949の基本

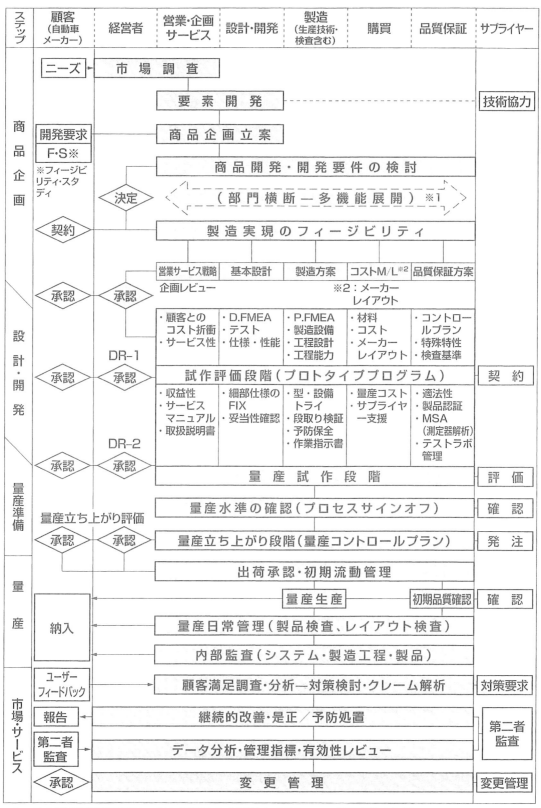

※1：この部門横断的アプローチはAPQPの5段階すべてのフェーズで実施される

図2.18　APQPフローの例

特殊特性(Special Characteristics)の定義

・製品特性または製造工程パラメータのうち、安全もしくは法規適合性、組付け性、機能、性能、または製品の後加工に影響する可能性のあるもの。

図 2.19　特殊特性

⑩　予知保全：起こり得る故障モードから、問題を回避するためのプロセスデータに基づく活動。すなわち、何時間運転したら分解整備をするとか、切削刃、溶接チップの交換時期などのメンテナンス計画である。

⑪　予防保全：設備の故障及び想定外の生産障害の原因を除去するために、製造工程設計のアウトプットとして取られる活動。過去のトラブルなどを分析して製造工程設計にインプットすることが重要。

⑪　特別輸送費：契約した輸送費に対して割増の費用。例えば、部品不良の代替部品の発送コストなど、特に海外工場への供給で時に発生しているケースなどがある。

⑫　特殊特性：QS-9000 からそのまま引き継がれている定義（図 2.19）。製品特性または製造工程パラメータのうち、安全、法規適合性、組付け時の合い、機能、性能、または製品の後工程に影響を及ぼす可能性のある特性。通常は顧客自動車メーカーが特定する。「重要保安部品」はこれに当たり、欠陥が起こると通常はリコール対象となる。顧客から指定を受けなくても、組織の品質リスク防止のため、特定してサプライヤーへの指定を含め管理してもよい（図 2.20、図 2.21）。

IATF 箇条 3 には入っていないが、以下も QS-9000 以来よく使われる用語である。

⑬　PPAP：Production Parts Approval Process「生産部品の承認プロセス」で、製品、製造プロセスに関するすべての変更は顧客の事前承認を必要としているのが自動車業界の常識である。変更内容により、テスト報告書、FMEA、サンプルの提出など承認レベルが自動車メーカーにより異なる。変化点に基づくトレーサビリティであり自動車産業において重要なプロセスである。

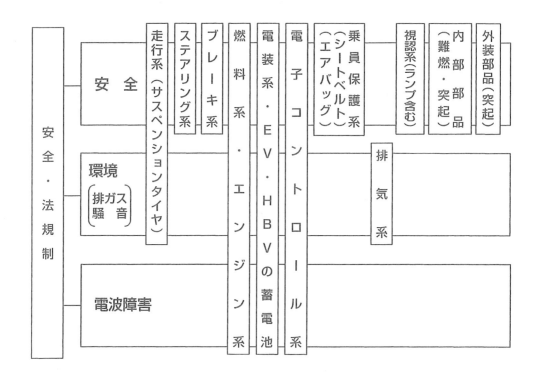

図 2.20　特殊特性の対象部品系①

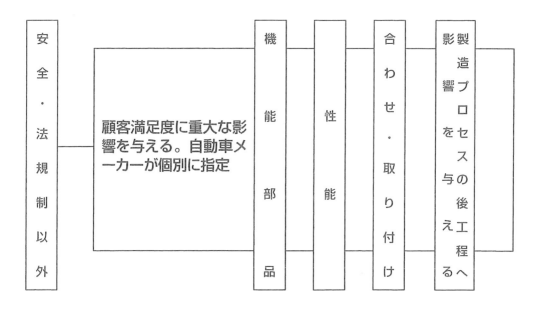

図 2.21　特殊特性の対象部品系②

コラム

わが国における TQM の歴史と品質マネジメントの原則

　70年前後から盛んになった、製造業を中心にした QC 活動（現場を中心とした品質管理）は製造品質の向上に大きな成果を上げた。その後、全社的な TQC（全社的品質管理）に発展した。

　この日本の強みは製造品質に軸足を置いた製造現場の教育・訓練、QC サークル等の現場中心の品質改善によるものであった。80年代には日本の製造品質は自他ともに認める世界のトップレベルとなり、輸出製造業の鉄鋼、精密機械、電機、電子、自動車等の高品質は欧米にとって驚異（同時に脅威）の的となったのである。

　日本で実践された TQC はさらにマネジメント要素を取り入れて、欧米が TQM と称するようになり、経営ツールとしての位置付けが明確になった。日本の優秀企業は、TQM のトップダウン方式を必ずしもそのまま受け入れたのではなく、日本の強みである現場発のボトムアップとうまく結びつけて活用した。

　しかしながら、わが国においては、一部の優秀企業を除いては、マネジメント及びマネジメントシステム自体が決して優れていたわけではなかったので、その後の結果はバブル崩壊も加わって、現在は"モノづくり"は新興勢力に脅かされる状況にある。自動車業界に限らず良い企業を見ると、その背景には"品質マネジメントの原則"を実践している、という事実が見える。

　QMS は事業マネジメントと一体であり効果的な経営ツールである。7つの品質マネジメントの原則は、規格それぞれの要求事項の根拠になっており、経営上の視点から自組織の QMS 活動を評価することができるはずで、その意味から特に管理者にはこの7原則は意義のある指針である。

第3章

ISO9001 及び IATF16949 要求事項の要点と対応

	経営層	管理責任者/プロセスオーナー	内部監査員/品質要員	新規参入企業
おすすめ度	★☆☆	★★★	★★★	★☆☆

　この章では、自動車産業モデルを基準とした見方で ISO9001：2015 及び IATF16949 の要求事項について解説する。なお IATF16949 は*斜字体*としている。

- ISO9001：2015 では大きく変わった箇条4、5、6を詳細に解説するが、その他については変化があった条項の解説に留め、旧規格と実質的な変化がないものについては目次表示のみにした。
- 自動車固有要求事項では、ISO/TS16949 からの変更について、新規は **NEW**、TS の変更はカッコ内に「*TS条項番号*」と変更内容の分類を付記した。また、具体的な変更点は規格の本文にアンダーラインで識別して変更内容を分かりやすくした。なお、規格の本文は、IATF の版権上の制約から、より簡潔な記述を試みた。

3.1　両規格の注目すべき規格の要点

(1) 新旧規格の相関

表 3.1　新旧規格の相関

ISO9001：2008 ISO/TS16949：2009	ISO9001：2015 IATF16949：2016	基本的な要求事項
4. 品質マネジメントシステム	4. 組織の状況	4.1 組織及びその状況の理解 4.2 利害関係者のニーズ及び期待の理解 4.3 品質マネジメントシステムの適用範囲の決定 4.4 品質マネジメントシステム及びそのプロセス
5. 経営者の責任	5. リーダーシップ	5.1 リーダーシップ及びコミットメント 5.2 方針 5.3 組織の役割、責任及び権限
5.4 品質マネジメントシステムの計画	6. 計画	6.1 リスク及び機会への取組み 6.2 品質目標及びそれを達成するための計画策定 6.3 変更の計画
6. 資源の運用管理	7. 支援	7.1 資源　7.2 力量　7.3 認識 7.4 コミュニケーション 7.5 文書化した情報

7. 製品実現	8. 運用	8.1 運用の計画及び管理 8.2 製品及びサービスに関する要求事項 8.3 製品及びサービスの設計・開発 8.4 外部から提供されるプロセス、製品及びサービスの管理 8.5 製造及びサービス提供 8.6 製品及びサービスのリリース 8.7 不適合なアウトプットの管理
8. 測定分析及び改善	9. パフォーマンス評価	9.1 監視、測定、分析及び評価　　9.2 内部監査 9.3 マネジメントレビュー
8.5 改善	10. 改善	10.1 一般 10.2 不適合及び是正処置 10.3 継続的改善
付属書 A	付属書 A	コントロールプラン
	付属書 B	参考文献

(2) 以下が両規格の注目すべき要点である。

▶ISO9001
- 組織の状況及び利害関係者のニーズと期待⇒内部と外部の課題（箇条 4）
- リーダーシップ及びコミットメント⇒トップマネジメントによる実証（箇条 5）
- 事業プロセスと QMS の統合⇒マネジメントプロセスの拡大（箇条 5）
- リスク及び機会への取組み⇒リスクを考慮した QMS の計画策定（箇条 6）
- パフォーマンス評価⇒ QMS のパフォーマンス、有効性の評価（箇条 9）

　規格の Plan 部分となる箇条 4、5、6 はパッケージと考えた方がよく、パフォーマンス指向の QMS 運用を目指している。

▶IATF16949
- リスクに対応した QMS プロセス見直しによる追加・強化（全般）
- 顧客固有要求事項（CSR）の明確化と対応強化（全般）
- 企業責任の明確化（箇条 5）
- 内部監査員・第 2 者監査員力量（箇条 7）
- ソフトウェア製品の新規要求（箇条 8）
- サプライヤー管理の強化（箇条 8）
- 文書化したプロセスの要求拡大（全般）

　自動車固有事項は TS16949 の 79 項目から 104 項目に増加している。特に箇条 8 の「運用」では注記から本項への追加、顧客固有要求事項（CSR）の編入などで 58 項目になっている。

3.2 要求事項の要点と対応

規格の箇条 4 の目次

4. 組織の状況
4.1 組織及びその状況の理解 **NEW**
4.2 利害関係者のニーズ及び期待の理解 **NEW**
4.3 品質マネジメントシステムの適用範囲の決定
 4.3.1 品質マネジメントシステムの適用範囲の決定—補足
 4.3.2 顧客固有要求事項 **NEW**
4.4 品質マネジメントシステム及びそのプロセス **NEW**
 4.4.1 （品質マネジメントシステム及びそのプロセス）
 4.4.1.1 製品及びプロセスの適合
 4.4.1.2 製品安全 **NEW**
 4.4.2 （品質マネジメントシステム及びそのプロセス）

4.1 組織及びその状況の理解
・組織の目標と戦略的な面から、QMS の能力に影響をあたえる外部・内部の課題の明確化 ・それらの課題の監視とレビュー
4.2 利害関係者のニーズ及び期待の理解
・顧客要求事項と適用される法令・規制要求事項を満たす QMS の能力に影響をあたえる密接な利害関係者とその要求事項の明確化 ・それらの情報の監視とレビュー
4.3 品質マネジメントシステムの適用範囲の決定
・QMS の境界及び適用不可能な要求事項の正当性
4.4 QMS 及びそのプロセス
・QMS のプロセスと組織全体への適用 ・プロセスのインプット、アウトプット、順序、相互関係、判断基準、方法 ・プロセスに必要な資源、責任・権限

- リスク・機会への取組み（6.1 参照）
- プロセスの評価、変更
- プロセス運用のための文書
- プロセス実施の記録

4.1 は、組織の QMS の出発点となる要求事項である。

組織の目標と戦略的なビジネスの展開に関連して、事業を QMS という経営ツールで運営する上での課題、例えば技術進化、法規制変更、ビジネスモデル変化、市場、内部では人的資源（力量、知識、年齢など）、インフラ（設備・機器、ネットワーク他）などを明確にし、それらを監視し、レビューするプロセスをもつこと。

4.2 は、顧客要求事項、法規規制事項に影響を与える利害関係者と、その要求事項を明確にし、それらを監視し、レビューするプロセスをもつこと。本文では、「密接（英語では relevant）な利害関係者」となっており、どの範囲まで含めるか考えるところである。組織が決めるものであるが、QMS の範囲で考えればよい。そうすると、顧客（最終ユーザーを含む）、ビジネスパートナー（外部の供給者など）、従業員、監督官庁、地域住民、ステークホルダー（株主など）程度になる（第 2 章 図 2.14）。

4.3 は、4.1 と 4.2 に関連して製品・サービスを提供するために QMS の適用範囲を決めること。自動車固有要求事項では補足がある（下記 4.3.1）。

4.4 は、QMS を確立して、それを構成するプロセスを定め運営するプロセスアプローチである。

▶プロセスで明確にすべき事項（第 2 章 図 2.9、図 2.12）

① プロセス名（プロセスの定義は明確になっているか？）
② プロセスオーナー（プロセスの責任者は？）
③ プロセスの分類は？（顧客志向プロセス—COP—、支援プロセス、マネジメントプロセス）
④ プロセスのインプットは？（5W1H 思考で）
　―インプットは何か？
　―インプットは誰／何処から（のアウトプットか？）
　―インプットのタイミング（いつ？）
　―インプットはどのように入ってくるか？（方法、形態、例えば文書、メール、材料など）
⑤ プロセスのアウトプットは？（5W1H 思考で）
　上記のインプットと同様に。

⑥ プロセスの目的を達成するためのマネジメントプランは明確か？
　―計画・目標・基準
　―どのように（方法、手順、測定、監視、評価・KPI）
⑦ 経営資源は？
　―誰が？（力量／技能／教育訓練）
　―何を使って？（材料／装置／インフラストラクチャー）
　―電子情報ネット（インフラストラクチャーに入るが、これをツールとして独立させてもよい）

要点

この箇条4では、組織が自らの現状分析を行い、外部・内部の課題を明確にして、顧客以外の利害関係者を含み、期待や要求事項の変化を監視し、それらに対して適切な活動を行うことができるQMSのプロセスを構築し運用することを要求している。

4.3.1　QMSの適用範囲の決定に対する―補足（TS 1.1）

オンサイト、リモートに拘わらず支援機能（例えば、デザインセンター、企業本社、ディストリビューションセンター）はQMS適用範囲に含めること。
唯一の除外は、ISO9001の8.3　設計・開発における製品の設計・開発のみ。除外は文書化され正当化すること。
除外は製造工程設計・開発には適用されない。（以前と同様）

4.3.2　顧客の固有要求事項（CSR）　**NEW**

顧客の固有要求事項はQMSの適用範囲に含まれること。

　取引関係のある顧客自動車メーカーの個別の要求事項をレビューしQMSの適用範囲に含まれていることを確実にする。7.5.1.1　QMS文書において組織のQMSと顧客固有要求事項との対応マトリックスが新たに要求されていることに注意。

4.4.1.1　製品とプロセスの適合性（TS 4.1.1）

すべての製品、プロセス、サービス部品はアウトソースされたものを含み、該当顧客、法規制項目への適合を確実にすること。(8.4.2.2)

アウトソースした製品、プロセスに対する適合性の責任の強調。

4.4.1.2　製品安全 NEW

製品と製造プロセスに関連した製品安全のための文書化されたプロセスを持つこと、最低限以下を含めること。
a) 製品安全に関する法的規制事項の特定
b) 上記a) の要求事項の顧客通知
c) 設計FMEAの特別承認
d) 安全関連特性の特定
e) 製品の安全関連特性と製造における特定と管理
f) コントロールプランとプロセスFMEAの特別承認
g) リアクションプラン（9.1.1.1）
h) 定められた責任、情報のエスカレーションプロセス（第2章　2.7　用語と定義⑤）及び情報フロー、これにはトップマネジメント、顧客通知を含む
i) 製品安全に関係する製品及びその製造プロセスに携わる要員への組織または顧客に特定された訓練
j) 製品又はプロセスの変更は、適用に先立ち承認されなければならない。それにはプロセス及び製品変更による製品安全に対する潜在的影響の評価が含まれる。(8.3.6)
k) 顧客指定の供給者も含めたサプライチェーン全体を通して、製品安全に関連した要求事項の伝達（8.4.3.1）
l) サプライチェーンを通して最小製造ロット単位の製品トレーサビリティ（8.5.2.1）
m) 新製品導入で教訓

注) 特別承認は製品安全の文書を承認する責任を有する機能（通常は顧客）による追加の承認である。

個々の条項は以前からTSの要求事項にも含まれているが、箇条4に組み入れられたことでIATF16949の要求事項の中で最も重要度が高いことが示されている。基本概念の「リスクに基づく考え方」に基づくものであり、この要求事項に対して最大級の注意を払う必要がある。個々の項目の具体的な展開については、箇条8、9の要求事項に対応するプロセスの中で実施されることになるが、内部監査においても優先事項として監査プログラムに加えることである。

3.2 要求事項の要点と対応

規格の箇条 5 の目次

5. リーダーシップ
5.1 リーダーシップ及びコミットメント
　5.1.1 一般
　　5.1.1.1 企業責任 **NEW**
　　5.1.1.2 プロセスの有効性及び効率
　　5.1.1.3 プロセスオーナー **NEW**
　5.1.2 顧客重視
5.2 方針
　5.2.1 品質方針の確立
　5.2.2 品質方針の伝達
5.3 組織の役割、責任及び権限
　5.3.1 組織の役割、責任及び権限―補足
　5.3.2 製品要求事項及び是正処置に対する責任及び権限

5.1 リーダーシップ及びコミットメント

トップマネジメントは以下のリーダーシップとコミットメントを実証すること。
a) QMS の有効性の説明責任（アカウンタビリティ）
b) 品質方針及び品質目標の確立
c) 事業プロセスへ QMS の統合
d) プロセスアプローチ及びリスクに基づく考え方の促進
e) 資源の提供
f) QMS の要求事項への適合の重要性を伝達
g) QMS が意図した結果を達成する
h) 人々を積極的に参加させ、指揮し、支援する
i) 改善を促進
j) 管理層の役割を支援する

　トップマネジメントの実質的な QMS への関与と実証が求められ、事業活動と一体化して QMS の責任を負うという大きな変化である。QMS が事業プロセスから独立した形で運用されることがないように、トップが組織を指揮してゆくことが肝心である。

　"トップマネジメント"の定義は、"最高位で組織を指示及び管理する人又はグループ"である。組織の規模にもよるが事業部門のトップで、資源の決定や提供に関しての権限を有することがトップマネジメントである。

> #### 5.1.1.1　企業責任（Corporate responsibility）🆕
>
> 企業責任の方針の決定と適用、これには収賄防止方針、従業員規定、倫理規定（内部告発方針）を含むこと。

　企業の社会的責任（CSR）に対する新たな要求事項である。自動車産業で近年発生しているメガリコールや企業不祥事のような事件が、その背景にあると想像できる。トップマネジメントの責任として、これも「リスクに基づく考え方」の適用である（第7章　自動車産業の社会的責任とリコール）。

> #### 5.1.1.2　プロセス有効性及び効率（TS 5.1.1）
>
> トップマネジメントは、製品実現プロセス及び支援プロセスの有効性と効率の評価及び改善するためレビューすること。
> プロセスのレビュー活動の結果は、マネジメントレビューのインプットに含めること（9.3.2.1）。

　サイトごとの最高位職制がレビューすることが実際的である。年1～2回のマネジメントレビューだけやっていれば良いということではない（第4章　4.16　マネジメントレビュー）。
　通常、自動車業界では、定期的（例えば月1回）に品質／生産／コストの報告・評価、及び不定期なものでは、新製品プロジェクトに対する進捗／課題等の報告・評価などは日常的に実施しており、トップマネジメントはタイムリーに自組織のパフォーマンスを把握することが求められている（自動車固有要求で追加されたトップマネジメントへのインプットは、9.3.2.1を参照）。

> #### 5.1.1.3　プロセスオーナー 🆕
>
> トップマネジメントは、組織のプロセス管理と、関連するアウトプットに責任を持つプロセスオーナーを任命すること。プロセスオーナーはその役割責任を理解し、これを全うできる力量があること（7.2）。

　一人の管理責任者のことではない。組織のQMSの各プロセス責任者である。プロセスは必ずしも部門の役割とは一致していないので、複数部門にかかる場合はプロセスオーナーを誰にするかを決めること。

> *5.3.1 組織の役割に対する責任と権限―補足（TS 5.5.2.1　一部追加）*
>
> *トップマネジメントは、顧客要求事項に対応する責任と権限をもつ要員を任命すること。この任命は文書化のこと。これには特殊特性の選定、品質目標の設定、関連する教育・訓練、是正処置、予防処置、製品の設計・開発、能力分析、物流情報、顧客のスコアカード、及び顧客ポータルを含むがこれらに限らない。*

　新製品開発、量産準備の段階では、特に顧客自動車メーカーとの連携が密でなければならない自動車産業では、一般的にその機能ごとに、例えば設計開発、エンジニアリング、購買、製造、市場サービスなどの窓口責任者を決めて顧客との連携を確実にしている。特に新製品品質計画（APQP）では重要である。プロセスオーナーの場合もある。顧客とのインプット・アウトプット情報が必ずこの責任者に入る仕組みにすること。

　小規模な組織では営業部門がこの役割を担っているケースも多い。

> *5.3.2 製品要求事項及び是正処置に対する責任と権限（TS 5.5.1.1　一部追加）*
>
> *トップマネジメントは、以下を確実にすること。*
> *a) 製品の適合の責任は、品質問題を是正するため出荷停止及び生産停止の権限をもつこと*
> *注：部品によってはプロセス設計上、即座の生産停止が可能でないかも知れない。この場合は、対象のバッチが顧客に出荷されないようにすること。*
> *b) 製品及びプロセスの不適合は、是正処置に責任と権限を持つ管理者に速やかに報告され、不適合品が出荷されないこと及びすべての潜在的不適合製品が識別され隔離されること。*
> *c) すべてのシフトにわたる生産活動には、製品の適合を確実にする責任者、或は代行権限者を配置。*

　問題は源流で止めることが、量産製品では最も重要である。

　量産部品に不具合が起こった時は、時間との勝負である。生産を維持しながら応急処置（封じ込め）をおこなわなければならない。後のプロセスに問題が流失しないよう、緊密な連携プレーが必要である。

- 製造工程で問題が発生した時の情報連絡ルートを決めておく
- 工程の現場責任者がラインストップできることを定めておく
- 不適合品の隔離の責任者と手順を決めておく
- 不適合品の出荷停止の責任者と手順を決めておく

規格の箇条6の目次

6. 計画
6.1 リスク及び機会への取組み NEW
    6.1.1 （リスク及び機会への取組み） NEW
    6.1.2 （リスク及び機会への取組みの計画） NEW
    6.1.2.1 リスク分析 NEW
    6.1.2.2 予防処置
    6.1.2.3 緊急事態対応計画
6.2 品質目標及びそれを達成するための計画策定
    6.2.1 （品質目標及びそれを達成するための計画策定）
    6.2.2 （品質目標及びそれを達成するための計画策定）
    6.2.2.1 品質目標及びそれを達成するための計画策定―補足
6.3 変更の計画

6.1 リスク及び機会への取組み
6.1.1 （リスク及び機会への取組み）
QMSの計画策定においては、4.1（組織の課題）、4.2（利害関係者）を考慮し、以下の取組みへのリスク及び機会を決定すること。 a) QMSの意図する結果の達成 b) 望ましい影響の増大 c) 望ましくない影響の防止・低減 d) 改善の達成
6.1.2 リスク及び機会への取組みの計画
・QMSプロセスへの統合と実施 ・有効性の評価 ・取組みは製品・サービスの適合への潜在的影響に見合う程度 注記1：リスクへの取組みの選択肢には、リスクの回避、機会を追及するためリスクを取る、リスク源を除去、起こりやすさ、結果を変える、リスクを共有する、情報に基づいた意思決定によってリスクを保有することが含まれる。 注記2：機会は、新たな慣行の採用、新製品の販売、新市場の開拓、新たなパートナーシップの構築、新たな技術の使用など望ましく実行可能につながり得る。

「リスクに基づく考え方」の概念から、QMSの計画策定にリスクと機会への取組みを要求し

ている。

6.1 リスク及び機会への取組みと他の箇条との相関図を図 3.1 に示す。

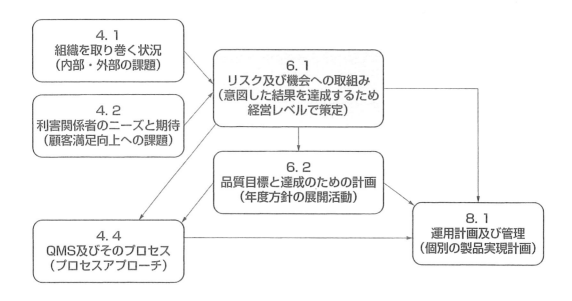

図 3.1 リスク及び機会への取組みの他箇条との相関

> **要点**
> 「リスクに基づく考え方」とは、通常、我々は意識していなくても日常の行動に対して常にリスクを考えて行動している。これは QMS も同じであり、例えば「検査」は不良品が流出するリスクを防止する仕組みである。このような考え方で計画を策定する。また、リスクと機会は対比的なものではない。

6.1.2.1 リスク分析 **NEW**

- *リスク分析には、製品リコールから学んだ教訓、製品監査、市場クレーム・返品・修理、廃棄、リワークからの情報を含むこと。*
- *リスク分析の結果は証拠として文書化情報として残すこと。*

もともと、自動車セクター規格はリスク思考が強いが、「リスクに基づく考え方」から更にリスク要素に関する分析が要求されている。ネガティブな情報の入手（インプット）についてはタイミングを逸することなく分析し、その結果をアウトプットし、リスク防止活動のインプットとして活用することが大事である。第 7 章（リコール）でも述べているが、分析を行う

要員資源と力量は重要である。

6.1.2.2 予防処置（TS 8.5.3 一部追加）

- 不適合を予防するため、その潜在的な原因を除去する活動を決定し実施すること
- 予防処置は影響の程度により決定
- リスクによる悪影響から得られた以下の教訓のプロセスを確立すること
    a）潜在的な不適合と原因の特定
    b）不適合発生の予防活動の必要性の評価
    c）必要な処置の決定と実施
    d）とられた処置の記録
    e）とられた予防処置の有効性のレビュー
    f）類似のプロセスの再発防止から学んだ教訓の活用（7.1.6）

ISO9001：2015 では、この予防処置は要求事項から削除され QMS を運営すること自体が予防処置との考えであるが、IATF16949 においては、独立した予防処置の要求事項として残っている。f) 項は新規に入った項目である。自動車産業では、「過去トラブル」のデータ活用を、製品及び製造工程の設計・開発プロセスなどにおいて活用している。

6.1.2.3 緊急事態対応計画（TS 6.3.2 具体化・強化）

a）すべての製造プロセス、インフラストラクチャー、顧客要求事項への適合を確実にするため製品提供の必須な設備の内部・外部のリスクの特定と評価
b）顧客への影響とリスクに対する緊急対応計画の決定
c）継続的な出荷のための緊急対応計画の準備、主要設備の故障（8.5.6.1.1）、<u>外部提供製品・プロセス・サービスの問題、自然災害、火災、ユーティリティ障害、労働力不足、インフラ分断</u>
d）顧客の操業に影響を与える程度、期間・・・の通知プロセス
e）<u>緊急対応計画の定期的なテスト（模擬訓練）</u>
f）<u>緊急対応計画のレビュー（最低限で年ベース）CFT、トップマネジメントの参画</u>
g）文書化された緊急対応計画の管理と変更を含めた記録と承認者
緊急対応計画は、<u>生産停止及び定期的シャットダウンプロセスが行われなかった後の生産再開後に製品が顧客要求も満たすことを検証する規定を含むこと。</u>

以前からある要求事項であるが、TS のガイダンスマニュアルの内容も盛り込まれ、より具体化され強化された。

自動車の製品特性からは必須の要求事項である。日本の自動車産業での事故は火災が最も多

く、次に地震、台風等の影響による工場設備の被害や物流被害である。設備故障、停電などに備えての定期的な危機管理体制のレビュー、防火体制、災害防止体制など、現場、現物レベルで実効性の検証が有効である。

このような事態は、規模にかかわらず毎年いくつか発生しており、生産停止により自動車メーカーに出荷できなくなるリスクが国内のサプライチェーンの最大の課題である。

> **要点**
> - 停電などの問題は、大きな品質リスクを招く。例えば、熱処理プロセスで電力供給が止まれば、部品はすべて不良品となってしまう。新興国において電力インフラが整備されないところでは課題である。
> - 地震により操業不能になり、自動車メーカーへの供給に支障が出たケースをわが国では多く経験している。
> - 市場回収であるが、例えばリコールなどのために旧型部品が数万個必要になった場合、現行の量産を継続しながら対応する必要がある。この事例は自動車業界には決して少ないとはいえない。火災や地震、台風災害による対応と同様に、代替生産方法を持っていることが望まれる。
> - 完全な予防体制の構築は現実的に難しく、サプライチェーンを含めBCP（事業継続計画）を導入し危機管理体制を強化することである。

6.2 品質目標及びそれを達成するための計画策定

6.2.1 QMSの機能、階層、プロセスにおいて品質目標の確立と文書化
a）品質方針との整合
b）測定可能
c）適用される要求事項の考慮
d）製品・サービスの適合、顧客満足向上に関連
e）監視
f）伝達
g）必要に応じて更新

6.2.2 品質目標の達成計画
a）実施事項
b）必要な資源
c）責任者
d）実施事項の完了時期

> e）結果の評価方法

　事業プロセスと QMS の統合（5.1）という本来なら当然という内容が、ISO9001：2015 においてリーダーシップに対する要求事項に加わった。通常、組織では「中長期事業計画」（3–5 年スパン）が策定され、これに基づき「年度事業計画」が策定され展開される。

　その策定のための「事業計画の策定プロセス」を持つことが必要である。即ち、このプロセスのインプット、活動（会議体など）の結果として「事業計画」がアウトプットである。品質目標は、品質方針を受け事業計画の達成にリンクしたものでなければ意味がない。組織の戦略的な目標を始めとして、顧客の自動車メーカーからの製品開発要求、コスト削減目標などが提示されていれば、それも目標の要素になるであろう。

　次に、全社目標に連鎖した目標を部門毎に設定することが重要である。全社の目標と部門の目標を一覧（クリスマスツリー型、ないしはトーナメント型で表示）にすると、全社目標と部門目標との整合、及び部門間目標との連鎖がわかりやすい。部門毎の目標が設定されたら、「目標の実行計画」を作成する。目標達成のために複数の施策がでてくると考えられるので、施策ごとに誰が、何を、いつまで、どれくらい、必要資源、評価指標（KPI など）を具体化した実行計画書を作成する。各部門の「目標の実行計画」はトップマネジメントのレベルで評価すべきである。部門毎の活動開始後は達成度合いを定期的に評価すること（月度、4 半期など）。活動展開の途中で、リスクの変化、外部、内部の状況変化などがあれば、目標を修正することになる。評価結果は、計画と実績の差異分析を行って有効性を評価し、必要な修正や変更を行い、PDCA を回すことにより、「Plan」にフィードバックし、常に継続的な計画の適切性を保ってゆくことが重要である。

　図 3.2 に戦略的な品質目標アプローチを示す。

6.2.2.1　品質目標及び達成するための計画—補足（TS 5.4.1.1）

- *トップマネジメントは顧客要求事項を満たす品質目標を定め、各機能、プロセス、階層において確実にすること。*
- *年次品質目標並びに関連するパフォーマンス目標（内部・外部）を設定するとき、利害関係者とその要求事項に関する組織によるレビュー結果を考慮すること。*

　品質目標の策定プロセスのインプットとして、特に自動車関連の利害関係者のニーズや期待を把握しておくことは大切である。
- 顧客重視で、事業計画から導かれること
- 規定され展開されること
- 測定可能であり、測定されること

3.2 要求事項の要点と対応

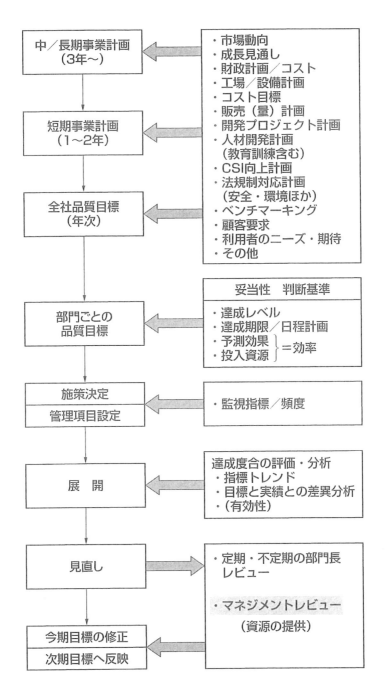

図 3.2 戦略的な品質目標アプローチ

- マネジメントにより効果的かつ効率的にレビューに活用できること
- 是正処置、継続的改善に活用できること

> **要点**
> トップマネジメントは各部門の品質目標の妥当性評価ができる判断基準をつくり、目標展開の前にその計画評価を行い、展開後は達成度合いを定期的に評価すること。活動展開の途中で、状況変化などがあれば、目標を修正することである。
> その「有効性」を評価し、差異分析をしてPDCAを回すことにより、「Plan」にフィードバックし、常に計画の精度を保つことが目標達成のポイントである。

6.3 変更の管理

QMSの変更は計画的に、変更の目的、それによって起こり得る結果、QMSのインテグリティー、資源の利用可能性、責任と権限の割り当て又は再割り当てを考慮すること。

ISO9001：2015では、変更の管理が重視されており関連した要求事項が追加されている。システム、プロセスで起こっている変化が正しく把握されてなく、変更後に問題が発生しているという現実は少なくない。これも「リスクに基づく考え方」から変更によるリスク、特にマイナス影響を常に考えるということが大切である。

―― **規格の箇条7の目次** ――
7. 支援
7.1 資源
　7.1.1 一般
　7.1.2 人々
　7.1.3 インフラストラクチャ
　7.1.3.1 工場、施設及び設備の計画
　7.1.4 プロセスの運用に関する環境
　7.1.4.1 プロセスの運用に関する環境―補足
　7.1.5 監視及び測定のための資源
　7.1.5.1 一般
　7.1.5.1.1 測定システム解析
　7.1.5.2 測定のトレーサビリティ
　7.1.5.2.1 校正検証の記録
　7.1.5.3 試験所要求事項

> *7.1.5.3.1　内部試験所*
> *7.1.5.3.2　外部試験所*
> 7.1.6　組織の知識 NEW
> 7.2　力量
> *7.2.1　力量―補足*
> *7.2.2　力量―業務を通じた教育訓練（OJT）*
> *7.2.3　内部監査員の力量* NEW
> *7.2.4　第二者監査員の力量* NEW
> 7.3　認識
> *7.3.1　認識―補足*
> *7.3.2　従業員の動機付け及びエンパワーメント*
> 7.4　コミュニケーション
> 7.5　文書化した情報
> 　7.5.1　一般
> *7.5.1.1　品質マネジメントシステムの文書類*
> 　7.5.2　作成及び更新
> 　7.5.3　文書化した情報の管理
> 　7.5.3.1　（文書化した情報の管理）
> 　7.5.3.2　（文書化した情報の管理）
> *7.5.3.2.1　記録の保管*
> *7.5.3.2.2　技術仕様書*

7.1　資源
・人的資源の明確化と提供 ・インフラストラクチャーの提供と維持 ・プロセス運用に関する環境（社会的要因、心理的要因、物理的要因がある） ・監視及び測定のための資源 ・測定のトレーサビリティ

　4.1で言及されている「内部・外部の課題」において、新しい技術に対応するなどの人的資源が「内部の課題」となっている組織は少なくない。もちろん、それ以外の労働力不足などの課題もあるだろうが、人材開発は長期的かつ継続的に行わなければならない活動であり組織にとって重要なテーマである。

　図3.3に人材資源の運用管理PDCAを示す。

第3章 ISO9001及びIATF16949要求事項の要点と対応

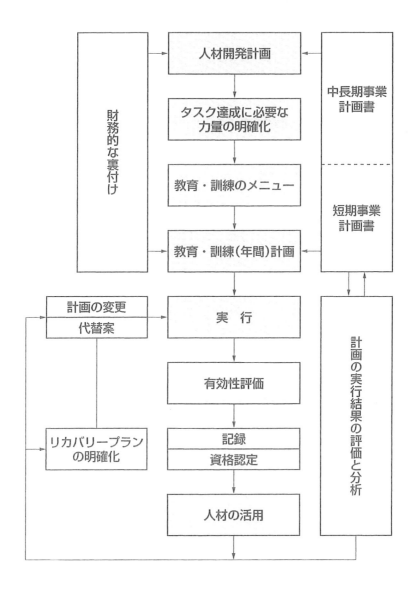

図 3.3　人的資源の運用管理 PDCA

7.1.3.1　工場、施設、設備計画（TS 6.3.1　追加・強化）

- 組織は部門横断的アプローチにより、リスク特定、軽減を含み工場、施設、設備計画の開発及び改善を策定すること。
- 工場レイアウトは、材料移動、マテリアルハンドリング、不適合製品の管理を含みフロアー使用の付加価値の最適化を図り、かつ材料移動の同期化を促進すること。

- *新製品又は新しい操業に関して、製造フィージビリティを評価するための方法を開発し実施すること。製造フィージビリティ評価は、能力計画を含む。これらの方法は、現行の変更提案の評価にも適用すること。*
- *リスクに対する定期的再評価、プロセス承認、コントロールプラン (8.5.1.1)、作業セットアップ (8.5.1.3) の検証におけるいかなる変更を含みプロセス効率を維持すること。*
- <u>*製造フィージビリティ評価、能力計画の評価はマネジメントレビューのインプットとすること*</u> (9.3)。

  注1：これらの要求事項はリーン製造の原則（ムダのない筋肉質な製造体制のこと）を含むことが望ましい。
  注2：オンサイトサプライヤー活動（場内外注作業）への適用が望ましい。

部門横断的アプローチで行う活動は変わらないが、変更に伴うリスク評価を含んだ具体的な事項が追加された。マネジメントレビューのインプットに入ったことは、トップマネジメントが製造現場の状況を把握すべきとの発信である。

- 工場レイアウトは製造工程設計にも該当する。部門横断的アプローチ（CFT チーム展開）は、新製品立上げのためのプロジェクトチームだけでなく、日常的に行われている生産現場における工程検証やスタッフミーティングなども関係部門の情報共有化と対策の検討、決定の活動として有効である。
- CFT チームが、同期に活動することから、問題点や課題がリアルタイムで共有化できる。それぞれのプロセスを担当するチームメンバーが、それぞれの専門性から評価し最適な製造環境を作り上げるというプロセスである。
- 現場、現物ベースの活動により、わが国の企業の得意とする"ムダ、ムラ、ムリ"を改善していく活動の結果がアウトプットとなる。
- 評価要素として、省エネ、ムダ、ムラ、事故防止などの観点で人間工学、作業者とラインのバランス、在庫水準、オートメーション、作業計画書などの合理性が挙げられている。「改善活動」と位置付けてもよい。
- 自動車産業では、新製品の立上げ準備段階（APQP の活動）で、図上及び現場・現物ベースで開発の進行に合わせて、段階的に何度かこの活動を行っている。いわゆる最適性のための妥当性検証である。
- 製造工程監査もリスク評価として有効なので活用すべきである。
- なお、製造フィージビリティ評価の要求事項は、後述の 8.2.3.1.3 項「組織の製造フィージビリティ」要求事項と密接に関連している（IATF16949 要求事項は複数の条項が密接に絡んでいる場合が多いので注意が必要である）。

> 7.1.4　プロセスの運用に関する環境
>
> ISO45001（労働安全衛生）の第3者認証は要員の安全が立証される。

> 7.1.4.1　プロセス運用の環境―補足（TS 6.4.2）
>
> 作業の現場を、製品と製造プロセスの必要性に合わせて、整頓し、清潔な、よく整備・保守された状態に維持すること。

TSでは、事業所の清潔さという条項名であった。

これはまさに、わが国の製造業が世界的に誇るものである。製造工場の多くには「安全衛生委員会」、「3Sまたは5S委員会」などがある。特に「3S」に関して解説する必要性はないが、これは現場（組織のすべての場所が対象）を見ればわかる話であり、細かな手順でしばられるものではなく日常操業のなかでできていればよい。

著者が経験した海外の工場では、この要求事項を満たすためには相当な努力が必要と思われるところがいくつかあった。廃棄、スペース・保管、輸送、操作設備、明るい作業場・検査場、明確で目で見える装置／システムの識別及び整理・整頓がキーである。

> 7.1.5.1.1　測定システム解析（TS 7.6.1）
>
> - コントロールプランに規定されている各種検査、測定及び試験装置システムの結果に存在するばらつきを解析するため、統計的調査を実施すること。
> - 使用する解析方法及び合否判定基準は、測定システム解析に関するレファレンスマニュアルに適合すること。
> - 顧客が承認した場合、他の解析方法及び合否判定基準の使用も受け入れる。
> - 他の方法の適用の顧客承認記録は、他の方法の測定システム解析結果とともに維持する。
>
> 　注記：MSA調査の優先順位は、製品もしくは工程の重要特性又は特殊特性を重視することが望まれる。

この目的は、量産部品のすべてが合格基準範囲に入ることを保証するために実施するものである。適切な計測器（ハードウェア）を用いても、測定者、測定条件などのソフトウェアの領域と相まって測定値の変動が生まれる。その誤差を統計的手法で解析することが、この測定システム解析である。顧客の要求に従って実施しなければならないが、特に要求されていない場合は、自組織で実施している方法を顧客に承認してもらうことになる。

- 製品により測定する対象が違うので、組織の製品に利用できる手法を定める。例えば、自動車エンジンに使用される精密部品などでは「ゲージR＆R」で知られる統計的手法を活用する。繰り返し性（Repeatability）、再現性（Reproducibility）といった統計特性の評価がよく用いられるので、測定システム解析のことを通称「ゲージR＆R」と呼ぶ（第6章．品質コアツール　測定システム解析）。
- 部品により顧客自動車メーカーから要求されるので、手法及び合否判定基準は顧客指示に従うこと。コントロールプランにも明記される。
- 「ゲージR＆R」を通じて要員への教育・訓練を行うと有効なOJTとなる。
- AIAGのMSAリファレンスマニュアルを参考にするとよい。

7.1.5.2.1　校正/検証の記録（TS 7.6.2　追加・強化）

- *校正/検証の記録を管理する文書化したプロセスを持つこと。*
- *内部の要求事項、法令、規制要求事項、及び顧客要求事項への適合の証拠を提供するために必要な、全てのゲージ、測定機器、及び試験装置（従業員所有、顧客所有、サイト内の供給者所有の機器を含む）の校正/検証記録を保持する。*
- *校正/検証の活動及び記録には、次の事項を含むことを確実にする。*
  - *a）測定システムに影響する技術変更による改訂*
  - *b）校正/検証のために受領した時の使用外れの値*
  - *c）使用外れによる製品の意図した用途に対するリスク評価*
  - *d）計画された検証又は校正中、あるいはその使用中に、校正外れ又は故障が見つかった場合には、この検査測定及び試験機器で得られた以前の測定結果の妥当性に関する文書化された情報を保持する。この情報には、校正報告書に記載されている関連する標準の前回の校正日、及び次の校正予定日を含む。*
  - *e）疑わしい製品又は材料が出荷された場合の顧客通知*
  - *f）校正/検証後の校正規格への適合の記述*
  - *g）製品及び工程の管理に使用される、ソフトウェアのバージョンが指示通りであることの検証*
  - *h）すべてのゲージ（従業員所有、顧客所有、サイト内の供給者所有の機器を含む）に対する校正及び保全活動の記録*
  - *i）製品及び工程の管理に使用される（従業員所有、顧客所有、サイト内の供給者所有の機器にインストールされているソフトウェアを含む）、生産に関係するソフトウェアの検証*

要求されている記録を取ることである。最も問題となるのは、校正ハズレのゲージで不合格

品を合格として出荷してしまったケースである。遡って調査し遡及処置をとらなければならないことになる。ゲージごとにその履歴がわかるようにデータ、グラフ化しておけば、使用による摩耗、ゆるみなどの変化傾向を知ることができるので、このような問題の予防処置となり得る。

"従業員の所有するゲージ"というのは、わが国にはあまりないケースであろう。欧米では測定技術者は、職人技という面から比較的ステータスが高く、自前のゲージを持ち歩き、人には絶対に使わせない、などという人もいるので、こんな話になるのだろう。

自動車メーカーでは、たいていゲージ校正部門が一括管理しており、記録類も整備されているのが普通である。自動車部品サプライヤーなら、この項の要求は特段厳しいとは考えていないと思うが、著者の経験では一般製造業で校正はコストがかかることから、管理が不十分なところもときどき見かける。ソフトウェアの検証が新たに加わった。

7.1.5.3　試験所要求事項（TS 7.6.3.1）

7.1.5.3.1　内部試験所（TS 7.6.3.1　一部追加）

- 組織の社内試験所は明確にした適用範囲（*defined Scope*）を持つこと。
  ―要求される、試験、検査、校正サービスを実施できる能力を含む
- 試験所適用範囲は、品質マネジメントシステム文書に含まれていること。
- 試験所は、最小限、以下の技術的要求事項を特定し実施していること。
  a）試験所手順書の適切性
  b）試験所要員の力量
  c）製品の試験
  d）これらのサービスを正確に、関連したプロセス標準（ASTM、EN 等）にトレースできるように実施する能力
  e）もしあれば、顧客要求事項
  f）関連した記録のレビュー

注：ISO/IEC17025への認証は、社内試験所がこの要求事項に適合していることの実証に使うことはできるが、強制事項ではない。

この要求事項は元々、欧州勢の要求でQS-9000第3改訂に入ってきたものである。わが国の自動車メーカー、サプライヤーは立派な試験設備を持っているところが多く、高度な試験や測定も担当者レベルでこなしているが、このあたりの事情が欧米と多少異なる。

試験、測定となると欧米では、専門家の領域として、かなりのアカデミックレベルも有しているところが多い。メーカーで試験所を持つ場合でも、そのレベルが確保されるようにという欧米の考え方が背景としてある。

大げさに言えば、この「ラボラトリースコープ」は、「試験所の品質マニュアル」のレベルと理解したほうがよい。以下の項目を含むこと。
- 文書・記録：試験に用いる基準文書、判定基準、試験報告書、確認・承認方法、校正記録など
- 要員：要員の特定、力量（経験分野、経験期間、技術専門分野）、評価
- 試験方法：それぞれの試験の手順書、試験品の識別・保管・廃棄を含む
- 試験装置：装置・機器の特定（製造番号など）、校正、点検、

著者は自動車メーカー在職中、海外の監督官庁による製品認証で認証試験実施のためのメーカーテストラボ認証に係わった経験があり、この要求事項は本質的にハイレベルであると理解している。

著者の経験から、試験に係わる要員の力量、教育・訓練に問題があるところがあった。例えば、精密部品の測定では部品を一定時間ソーク（測定指示温度にするため隔離されたところでコンディショニング）しなければならないが、金属の熱膨張などの理論の教育・訓練が不十分なため不適切な方法で行っている例などを見かけた。

7.1.5.3.2 外部試験所（TS 7.6.3.2 一部追加）

- 検査、試験、校正に利用する外部／商用／独立の試験所は、要求されている試験、検査、校正をする能力を含む、定められた試験所適用範囲を持つこと。
- 次のいずれかを満たすこと；
  -外部試験所が、顧客に受け入れられているとの証拠がある
  -試験所は、ISO/IEC17025 または、同等の国内基準により認定されている（検査、試験、校正サービスを含む。国家認定機関のマーク）

注1：証拠の実証；顧客の審査によって、または、顧客承認の第二者監査により、ISO/IEC17025または、同等の国内基準への適合。
注2：当該装置の資格認定された試験所が使えないときは、校正サービスは装置メーカーが実行できる。この場合、組織が 7.1.5.3.1 にリストされた要求事項に合っていることを確実にする。
注3：校正サービスの使用は、許可された（または顧客が認めた）試験所以外の場合政府規制の確認の対象となる場合あり。

注2は、特定の装置などに対して、資格試験所がない場合は、前記 7.1.5.3.1 の要求を満たしていることが確実に証明できれば、その装置メーカーに依頼できるが、アウトソーシングするのだから第二者監査などでそのプロセスは評価しておくことが望まれる。

> 7.1.6 組織の知識
>
> ・プロセスの運用に必要な知識、並びに製品・サービスの適合を達成するために必要な知識を明確にすること。この知識を維持し、必要な範囲で利用できる状態にする。
> ・変化するニーズと傾向に取り組む場合、組織は現在の知識を考慮して、必要な追加の知識及び更新情報を得る方法又はアクセスする方法を決定すること。
>
> 注記1：組織の知識とは、組織の固有な知識であり、一般的な経験によって得られる。組織の目標を達成するために使用し、共有する情報である。
> 注記2：組織の知識は、内部由来（知的財産、経験、成功例、失敗例から学んだ教訓、プロセス、製品の改善の結果など）、及び外部由来（標準、学会、業界、顧客、外部提供者などからの知識）

新たなISO9001：2015の要求事項である。組織の目的と戦略的な方向性に関連して、自社の固有技術の伝承、維持・更新、及び新たな技術知識、革新などに向け、組織がどのように対応して行くかを決定してゆくプロセスである。

後述の、8.3「製品及びサービスの設計・開発」での8.3.3 b)項や8.3.3.2 e)項など、過去の設計開発事例から得られた経験をどう活かすのか？ 過去トラブルを含め、個人の経験に留めず「組織の知識」として他の人（次世代の従業員）に利用可能な仕組みを構築することが期待される。

> 7.2 力量
>
> *7.2.1 力量―補足（TS 6.2.2.2）*
>
> ・*品質に影響する活動に従事するすべての要員に対して、認識（7.3.1）を含む教育訓練のニーズと力量を明確にする文書化したプロセスの確立と維持。*
> ・*特定の業務に従事する要員を、顧客要求事項が満たされることに特に配慮した適格性の確認*

教育・訓練の有効性が崩れるリスクは吸収、合併、合弁などのリストラクチャリング、新技術の導入、製品／プロセスの変更、新設備の導入及び急激な成長または縮小も関係している。新興国の生産拠点における教育・訓練は大きな課題であろう。

> **要点**
> 品質に影響する活動に従事するすべての要員なので、実務担当者だけでなく上位職も対象である。

7.2.2 力量―OJT (TS 6.2.2.3 一部追加)

> - 品質要求事項への適合、内部要求事項、規制・法令要求事項に影響する新規または変更された業務に責任を負う要員に、顧客要求事項の教育訓練を含んだOJTを行う。これには、契約社員、派遣社員を含む。
> - OJTの詳細な要求レベルは、要員が受けた教育の程度と日常業務を遂行するために必要な任務の複雑さの程度に見合う程度で行う。
> - その仕事が品質に影響を与える可能性のある人は、品質要求事項に対する不適合が、顧客に与える影響について知らされていること。

　この要求事項は、現場レベルで実施することにある。新人に対するマンツーマン指導、班長による作業員指導、また製造部門などにおいて現場に図表（Visual Aid）などを表示し、作業班長が教育することなどはよく行われており大変有効である。

　作業が正しく実施されなかった結果によって発生する不具合について、品質部門や該当製造部門で資料などを作成し、現場教育を行うことも有効である。ちなみに、著者が英国自動車メーカーの品質改善活動で効果を上げた例は、実際に発生した不具合の写真を提示し、作業者に対するショック療法で大変効果があった。ただし、この手のものは一般の訪問者等の目に付くところには掲示しないほうがよい。

　自動車メーカーでは、期間従業員を募集するが、多くの期間従業員が製造工程の作業に入っているときは、検査での直行率が大きく低下することが経験上明らかである。パートタイマー、派遣社員等の増加においても同様である。部品メーカーにおいて、流出した不良品の修正や交換のために顧客先に赴いての改修作業などを余儀なくされているケースもときどき見かけるので十分OJTを行うことである。

7.2.3 内部監査員の力量 (TS 8.2.2.5 具体化・強化)

> 顧客固有要求事項（CSR）を考慮に入れて、力量を検証する文書化したプロセスをもつこと。
> ISO19011（監査の指針）に定められた力量の追加ガイドを参照
> 資格認定された内部監査員のリストを維持
> QMS監査員、製造工程監査員、製品監査員の力量は
> a) 監査のための、<u>リスクに基づく考え方を含んだ自動車産業のプロセスアプローチの理解</u>
> b) 該当する<u>顧客固有要求事項</u>
> c) 監査範囲に関連した ISO9001 及び IAFT16949 の理解

> d）範囲に関連した<u>コアツールの理解</u>
> e）<u>計画、実施、報告、指摘事項のクローズの理解</u>
> 製造工程監査員は、PFMEAのようなリスク分析、コントロールプランを含む製造プロセスの技術的理解
> 製品監査員は、製品要求事項、測定、試験設備を使える力量
> 教育訓練のトレーナーの力量を実証するため文書化した情報を保持
> 内部監査員の力量の維持・改善について
> f）<u>年間最低回数の監査実施</u>
> g）<u>内部変化（工程技術、製品技術など）と外部変化（規格、コアツール、CSR）に基づく要求事項の知識</u>

　本書の第4章にて、内部監査におけるリスクに基づくプロセスアプローチ、監査テクニックなどを述べたが、内部監査で有効なアウトプットを出すためには監査員の力量が最も重要である。内部監査員に対するCSRは以前からあったが、共通事項として具体的内容が加わった。これだけの力量を確保するには内部監査員に対する継続的な教育・訓練が必要であり、力量評価の方法を含めて文書化したプロセスに定める必要がある。組織内の教育訓練を行うトレーナーについての外部研修や経験の記録を維持することも要求されている。

　ISO19011「マネジメントシステム監査ための指針」は、監査員の力量について詳細に記述されているので、本書第4章の内部監査と合わせて参考にするとよい。

7.2.4　第2者監査員の力量 (NEW)

> CSRで要求された資格、例えばVDA6.3　プロセス監査を満たすこと
> 　要求される力量は、上記の内部監査員a）～e）及び製造工程監査員と同様である。

　新規要求事項であるが、力量の要求レベルは内部監査員と同じであるので、VDA6.3のようなCSRを除いては組織として監査の教育・訓練を含め内部監査員と一緒に管理すればよい。

7.3　認識

7.3.1　認識―補足（TS 6.2.2.4　具体化）

> 全ての従業員が、不適合製品の顧客に及ぼすリスクを含め、製品品質に及ぼす影響、品質の達成、維持、改善活動の重要性を認識することを実証する文書化した情報の維持。

7.3.2　従業員の動機付け及びエンパワーメント（TS 6.2.2.4）

> - 品質目標を達成し、継続的改善を行い、革新を推進する環境を作りだすよう、動機付けする文書化したプロセスを持つこと。
> - プロセスには、組織すべてにわたって品質及び技術への意欲の向上を含めること。

　全員参加型のTQC/TQMで日本の製造業が実践してきた世界に誇るものである。企業文化によって多少の違いはあるが、全社規模で展開する品質活動がこれに当たる。QCサークル、改善提案制度など全部門対象に実施している活動があれば、その内容を要求事項に当てはめてみるとよい。また、専門分野における研究会とか研修など組織が支援していることが前提である。

7.5.1.1　品質マネジメントシステム文書（TS 4.2.1/4.2.2　一部追加）

> 品質マニュアル及び一連の下位文書（電子媒体又はハードコピー）の作成及び維持
> - 外部提供プロセスを含むプロセスとその順序と相関（インプット・アウトプット）
> - QMS内のどこで顧客固有要求事項（CSR）に対応しているか分かるマトリックスのような文書

　ISO9001：2015においては、品質マニュアルの要求事項はなくなったが、IATFでは引き続き要求している。プロセスの運用を支援するための文書化した情報は要求されているので、品質マニュアルを廃止する組織はないだろう。
　TSで認証を受けている組織であれば、今回のIATF16949の要求条項に対応するQMSプロセスフロー、プロセスのマトリックスが作成されていると思うが、CSRの対応プロセスについて関係を識別するマトリックスは新しい要求なので対応が必要であろう。

7.5.3.2.1　記録保持（TS 4.2.4.1　一部追加）

> - 保管方法を文書化
> - 法令・規制要求事項、組織及び顧客要求事項を満足させる
> - 生産部品承認、治工具の記録（保全及び保有者含む）、製品設計及び工程設計の記録、発注書（該当する場合）、契約書及びその修正事項は、顧客又は規制当局による指定がない場合は、製品が生産及びサービスの要求事項に対して<u>現行の有効期間に1歴年を加えた期間、維持する。</u>
>
> 注記：生産部品承認の文書化した情報は、承認された製品、該当する設備の記録、もしくは承認された試験データを含めてよい。

　記録の管理は、法規制及び顧客要求を満たすことが要求されている。一般的に組織は保管期

間を、1年、3年、5年、10年、20年、永久のように定めており、法規制が要求している期間をあまり意識していないように見受けられる。

　記録は事実を立証するという点で、リコール問題、PLの個人の自動車事故の訴訟など自動車メーカーの記録が裁判で検証される場合があり、各国の（輸出する場合は、その相手国も含め）法規制に対応できる記録維持と保管が重要である。

　QS-9000では"最終的には廃却すること"として自動車メーカーのリコールリスク回避策一面も覗かせていた。法規制で要求されていないもの、及び顧客要求のないものは自組織が保管ルール決めればよいが、記録には事実の立証のほかに、結果の分析から有効性なアウトプットを生むので残す記録を限定すれば効果的である。

7.5.3.2.2　技術仕様書（TS 4.2.3.1　一部追加）

- *顧客の全ての技術規格/仕様書及び関連する改訂に対して、顧客要求スケジュールに基づき、内容のレビュー、配布及び実施手順を記述した文書化したプロセスを持つこと。*
- *技術規格/仕様書の変更が、製品設計の変更となる場合、8.3.6項の要求事項が該当*
- *技術規格/仕様書の変更が、製品実現プロセスの変更となる場合、8.5.6.1項の要求事項が該当*
- *生産において実施された個々の変更の日付を記録保持*
- *実施に当たり、該当文書を更新*
- *内容のレビューは、技術規格/仕様書の変更を受領してから<u>10稼働日内</u>に完了することが望ましい。（should）*

注記：これらの規格/仕様書の変更内容が設計記録に引用されているか、コントロールプラン、（FMEAのような）リスク分析等のような生産部品承認プロセスの文書に影響する場合には、これらの規格/仕様書の変更は、顧客の生産部品承認の更新された記録が必要となることがある。

　この要求事項は、顧客からの、適用指示や変更指示に対する処理プロセスに対するものである。顧客からの対象となる関連文書ごとに、受付から生産適用までの作業ステップごとに、実施部門（責任者）とタイミングを明確にトレースできるログ（記録簿）を作成して管理することが望ましい。変更したときのトレーサビリティは、不適合部品の遡及処置などでも必要であり、自動車ではその部品の多さから変更履歴管理は極めて重要である。

　個々の変更に対して"日付"の記録を入れることは日本では常識だが、これを欧米の自動車メーカーは習慣として、週の番号（1年を52週とした）で管理する場合が多く、正確な変更日を識別するというニーズからのQS-9000からの引継ぎ要求である。

　顧客の自動車メーカーの要求事項に従って実施されている内容であるが、要望期限がTSの

2週間から10日に変わった。対象は部品承認プロセス、コントロールプラン、リスク分析（FMEAなど）を含む製品設計変更、基準、仕様の変更など。

規格の箇条 8.1〜8.2 の目次

8.1　運用の計画及び管理
　8.1.1　運用の計画及び管理―補足
　8.1.2　機密保持
8.2　製品及びサービスに関する要求事項
　8.2.1　顧客とのコミュニケーション
　8.2.1.1　顧客とのコミュニケーション―補足
　8.2.2　製品及びサービスに関する要求事項の明確化
　8.2.2.1　製品及びサービスに関する要求事項の明確化―補足
　8.2.3　製品及びサービスに関する要求事項のレビュー
　8.2.3.1　（製品及びサービスに関する要求事項のレビュー）
　8.2.3.1.1　製品及びサービスに関する要求事項のレビュー―補足
　8.2.3.1.2　顧客指定の特殊特性
　8.2.3.1.3　組織の製造フィージビリティ
　8.2.3.2　（製品及びサービスに関する要求事項のレビュー）
　8.2.4　製品及びサービスに関する要求事項の変更

要点

規格の箇条8は、「製品実現のプロセス」を主体としておりISO9001：2015では規格の構造的な変化はない。変化点としては、購買及びアウトソーシングが「外部から提供されるプロセス、製品及びサービスの管理」と大きく括られた程度である。従ってこの箇条8では、ほとんどが自動車産業の固有要求部分に関する変更点の解説が主体である。

8.1　運用の計画及び管理

　製品実現のプロセスは、顧客志向プロセス（COP）の根幹をなすプロセスであり、ISO9001の要求事項に加え、自動車産業特有の要求事項が多く含まれている。自動車製造の基幹となる「新製品品質計画及び製品品質計画書」（APQP及びコントロールプラン）、「生産部品承認プロセス」（PPAP）は、自動車産業では基幹プロセスであり、どの自動車メーカーも、この仕組みに従って、自動車部品サプライヤーに対し新製品開発から量産まで要求事項を定めている。

■ 5段階のフェーズ
1. 開発プログラムの立案・決定
2. 製品設計と開発の検証
3. 工程設計と展開の検証
4. 製品と工程の妥当性検証
5. フィードバック、評価、是正処置

図 3.4　新製品品質計画（APQP）

■ 部品ごとに設定
■ 品質維持のための管理項目を一覧に
■ 日本の製造業で生まれた「工程QC表」がモデル
■ 製造業で使えるツール

図 3.5　コントロールプラン（製品品質計画書）

第 2 章の図 2.4　自動車産業の基本 QMS モデル、図 2.19　APQP フローの例、及び 2.7 用語と定義を参照

8.1.1　運用の計画及び管理—補足（TS 7.1、7.1.1）

製品実現の計画は、以下の事項を含めること。
a) 顧客の製品要求事項と技術仕様書
b) 物流要求事項
c) 製造フィージビリティ
d) プロジェクト計画（ISO9001 の 8.3.2 参照）
e) 合否判定基準
ISO9001 の 8.1c)—製品及びサービスの要求事項への適合を達成するために必要な資源の明確化—に特定される資源は、製品及び製品の合否判定基準に要求される検証、妥当性確認、監視、測定、検査及び試験活動に関連。

顧客志向プロセス（COP）における顧客からのインプットとしてとらえると図 3.6 のようにもなる。上記のプロジェクト計画は開発製品ごとの APQP と考えればよい。

COPの明確化 ⇨ これが原点
- 顧客との契約書（Q、C、Dのすべて）
- 品質保証協定
- 購買要求事項
- 開発、試作、量産準備、量産の各段階における顧客からインプット
- 特に品質不具合対応方法

図 3.6　顧客志向プロセスのインプット

8.1.2　機密保持（TS 7.1.3）

顧客と契約した開発中の製品及びプロジェクト、関係する製品情報の機密保持を確実にする。

複数の自動車メーカーを顧客としている部品メーカーは、特に厳格な管理が必要である。技術データ、試作品など機密が流失しないように管理を徹底すること。電子情報の流失がないよう必要に応じて情報セキュリティーの管理も必要である。アクセスできる者の特定、電子媒体の管理、休日の施錠状態とか、内部監査においても現場レベルで検証すること。

8.2.1.1　顧客とのコミュニケーション―補足（TS 7.2.3.1）

書面又は口頭のコミュニュケーションは、顧客と合意した言語及び形式（例　CADデータ、電子データ交換）を含めて、必要な情報を伝達する能力をもつこと。

特に、電子データ交換において出荷オンラインはもとより、顧客メーカーとの新製品開発などの段階における、コンピューター支援設計データ、数値データなどの同期化ができるようになっていることが要求されている。複数顧客が存在する場合は、CADソフトのバージョン管理（切り替えタイミング含む）も重要である。

自動車メーカーは、コンピューター解析技術などの活用による開発の短縮化、コスト削減化にしのぎを削っており、コンピューター解析の進化に伴ってシステム・機器装置を更新していくので、サプライヤーがついていくためには金のかかる投資である。

> *8.2.2.1　製品・サービスに関する要求事項の明確化─補足（TS 7.2.1）*
>
> *これらの要求事項には、製品及び製造工程の組織の結果として特定されたリサイクル、環境影響、特性を含めること。*
> *ISO9001 の 8.2.2a）1）への適合は、材料の入手、保管、取り扱い、リサイクル、除去、又は廃棄に適用される、すべての該当する政府の安全規制及び環境規制を含めること。*

　特に、規制有害物質に注意すること、これは各国の規制による差があり材料を輸入している場合など注意が必要である。特に欧州の規制は厳しいものがあり、電機業界などではサプライヤーに対しても厳しく管理している。規制有害物質が含まれていたら全製品リコールである。
　部品メーカーでは最終製品（自動車及びサービスパーツ）がどの国で売られるかわからないという場合もあるので、できるだけ顧客自動車メーカーに確認することを勧める。ISO14001の登録組織は、EMS（環境マネジメントシステム）として管理されている事項があればこの要求事項に対応させておくこと。

> *8.2.3.1.1　製品・サービスに関する要求事項の明確化─補足（TS 7.2.2.1）*
>
> *正式なレビューのための、ISO9001 の 8.2.3.1（要求事項のレビュー）に対する顧客が正式に許可した免除申請の文書化した証拠を保持しておくこと。*

　このような場合は、確実に文書化した記録（電子媒体含め）を維持管理しておくこと。

> *8.2.3.1.2　顧客指定の特殊特性（TS 7.2.1.1）*
>
> *特殊特性の指定、承認文書、及び管理に対する顧客要求事項に適合すること。*

　顧客が特殊特性を指定している場合には、その特殊特性に自動車メーカー独自のシンボルマークを使用して、コントロールプランをはじめとして、FMEA 記録、作業指示書などの関連文書の中に指定して表示することが要求されているので、各顧客要求に従う必要がある。
　顧客自動車メーカーは、1次サプライヤー（Tier1）に対して指定するので、2次サプライヤー（Tier2）の場合は、その1次サプライヤーから指定を受けないと特定が漏れるおそれがある。新製品の場合は契約時に確実に確認しておくことが重要である。

> *8.2.3.1.3 組織の製造フィージビリティ（TS 7.2.2.2　具体化）*
>
> - 組織の製造工程が一貫して、顧客の規定した全ての技術及び生産能力の要求事項を満たす製品を生産できることが実現可能か否かを判定するために、部門横断的アプローチを利用すること。
> - フィージビリティ分析は、新規の製造技術又は製品技術に対して、及び変更された製造工程又は製品設計に対して実施すること。
> - 加えて、生産稼働、ベンチマーキング調査、又は他の適切な方法で、仕様通りの製品を要求される速度で生産する能力を、妥当性確認を行うことが望ましい。

　フィージビリティは、製造の実現可能性調査のことであり、契約の締結前に実施するが、特にリスク分析において、実現能力の評価、プログラムタイミング、資源、開発コスト、投資、また工程においては故障、不具合の潜在性及び影響評価を行い、文書化することが求められている。例えば、類似の製品、類似の製造プロセスの実績を活用して、顧客の要求事項に対して、工程能力 $Cp≧1.33$ が確保できそうであることや、特別なツーリングコストの追加なしで、可能であることなどをレビューすることがポイントである。

- 顧客自動車メーカーの（個別要求事項）では、△△％の生産キャパシティアップする場合などに実施することが要求されている。
- 文書化のための様式としては、APQP リファレンスマニュアルの「チーム・フィージビリティ・コミットメント」を参考にするとよい。
- 実際の審査では、契約内容確認段階（引き合い検討段階）でのリスク分析が効果的に行われず、製品の量産段階になってから設備トラブルが頻発するケースも多く見られる。APQP プロジェクトの成功例、失敗例を入念にレビューすることで、どの段階でどのような「備え」をすべきだったのか？　プロジェクトを成功裏に導くためのポイントは組織によって異なる。独自のリスク分析チェックシートの開発が期待される。
- なお、TS では製造フィージビリティの文書化までであったが、新規格では前述の 7.1.3.1 項「工場、施設、設備計画」へのインプット情報となり、さらに 9.3.2.1 項「マネジメントレビューへのインプット」として経営者への報告がなされることになる。

規格の箇条 8.3 の目次

8.3　製品及びサービスの設計・開発

　8.3.1　一般

　　8.3.1.1　製品及びサービスの設計・開発―補足

　8.3.2　設計・開発の計画

　　8.3.2.1　設計・開発の計画―補足

> *8.3.2.2　製品設計の技能*
> *8.3.2.3　組込みソフトウェアをもつ製品の開発* 🆕
> *8.3.3　設計・開発へのインプット*
> *8.3.3.1　製品設計へのインプット*
> *8.3.3.2　製造工程設計へのインプット*
> *8.3.3.3　特殊特性*
> *8.3.4　設計・開発の管理*
> *8.3.4.1　監視*
> *8.3.4.2　設計・開発の妥当性確認*
> *8.3.4.3　試作プログラム*
> *8.3.4.4　製品承認プロセス*
> *8.3.5　設計・開発からのアウトプット*
> *8.3.5.1　設計・開発からのアウトプット―補足*
> *8.3.5.2　製造工程設計からのアウトプット*
> *8.3.6　設計・開発の変更*
> *8.3.6.1　設計・開発の変更―補足*

> *8.3.1.1　製品・サービスの設計・開発―補足（TS 7.3　一部追加）*
>
> *ISO9001の8.3.1の要求事項は、製品及び製造工程の設計・開発に適用し、不具合の検出よりも予防を重視すること。*
> *設計・開発のプロセスを文書化すること。*

　設計・開発のプロセスの文書化は、APQPの開発フェーズのプロセスについて記述する。フローやマトリックスを用いると分かりやすい。

> *8.3.2.1　設計・開発の計画―補足（TS 7.3.1.1　具体化）*
>
> *設計・開発のプロセスに影響を受ける全ての組織内の利害関係者及び、必要に応じて、サプライチェーンを含めること。このような部門横断的アプローチを用いる例には、次の事項がある。*
> *a) プロジェクトマネジメント（例えばAPQP又はVDA-RGA）*
> *b) 代替設計提案及び製造工程案の使用を検討するような、製品設計及び製造工程設計の活動（DFM及びDFA）*
> *c) 潜在的リスクの低減を含む、製品設計リスク分析（FMEA）の実施及びレビュー*

> d) 製造リスク分析の実施及びレビュー（FMEA、工程フロー、コントロールプラン、標準作業指示書など）
> 注記：部門横断アプローチには、通常、組織の設計、製造、技術、品質、生産、購買、供給者、保全、及び他の適切な要員を含める。

　自動車メーカーでは新機種開発（APQP）にはプロジェクトチームを活用している。これは各役割機能のインターフェースを同期化でき、情報の共有化、決定をスピーディに管理できるので、意思決定プロセスにおいて大変有効な手法である。この部門横断的アプローチ（CFTも同じ）は、上記の注記にある部門が含まれる。誤解されているケースは、その都度違う部門代表が出てくる単なる部門参加型である。これだと部門縦型展開になってしまうおそれがある。規格が意図している部門横断アプローチは比較的大きい組織で1次サプライヤーのイメージなので、2次サプライヤーで組織の規模が小さく、製品、プロセスが単純な場合、このようなアプローチが合理的でないこともある。要点は情報の共有化、意思決定の適切化・迅速化が目的であるから自社組織の実情により決めればよい。

- チーム活動として特殊特性の設定、FMEAの実施・レビュー、コントロールプランの作成・レビュー、各イベントでの検証、妥当性確認及び報告などを実施する。
- 部門横断的アプローチには必要に応じてサプライチェーンを含める。
- 代替設計提案への適用及び作業指示書の作成・レビューにも部門横断的アプローチが適用された
- 製造フィージビリティ、特殊特性の決定等はここには規定されていないが、部門横断的アプローチの適用外とはならない。
- 自動車メーカーの開発プロジェクトチームでは、プロジェクトリーダー（開発責任者）と、各機能を持った部門からのスタッフが選定される。開発規模により専任であったり、兼任であったりする。また、事務局となるプロジェクトマネージャーが開発計画の推進と人、物、金の管理を行っていることが多い（図3.7）。

自動車メーカーの特徴
- プロジェクトチーム志向
- 機能ごとにメンバー選定
- 目標の共有化
- 情報の共有化
- 効果的インタフェースによる迅速な展開と意志決定
- マネジメントへの報告もチームで実施

図3.7　部門横断的アプローチ

用語の定義：
- DFM（design for manufacturing）：作りやすく、経済的に製造できる製品の設計に工程計画を統合化する設計。
- DFA（design for assembly）：組立性を考慮した製品設計（例　部品点数削減は、組立時間・組立コストの削減につながる）。

8.3.2.2　製品設計の能力（スキル）（TS 6.2.2.1）

製品設計の責任を持つ要員が、設計要求事項を実現する力量を持ち、適用されるツール及び手法の技能を持つことを確実にすること。適用するツール及び手法を明確にする。
注記：製品設計の技能の1例として、数学的にデジタル化されたデータの適用がある。

- 自社製品の設計・開発で適用、実践している技術、技能手法の項目を明確にすること。
- 設計・開発技術要員に必要とされる技量（CAD/CAE、FMEA など）とそのレベル（例えば、設計アウトプットの承認者であれば設計検証ができるレベルであるように）を明確にしておくこと。もちろん、経験年数なども大事な要素となるが、客観的な基準をつくることである。
- 要員の力量（実証された能力であり、単に知識があることとは違う）を評価するプロセスの要素（Criteria）が明確であること。
- 記録のみに偏らず、達成された仕事軸で評価することが重要。

8.3.2.3　組込みソフトウェアを持つ製品の開発 **NEW**

- *内部で開発された組込みソフトウェアを持つ製品に対する品質保証プロセスを用いること。*
- *ソフトウェア開発評価の方法論を、組織のソフトウェア開発プロセスを評価するために利用する。*
- *リスク及び顧客に及ぼす潜在的な影響に基づく優先順位付けを用いて、ソフトウェア開発能力の自己評価の文書化した情報を保持。*
- *ソフトウェアの開発を内部監査プログラム（9.2.2.1）の範囲に含める。*

新たに追加された条項である。ISO/IEC15504 シリーズの実践活動として「Automotive SPICE（Software Process Improvement and Capability dEtermination）」が欧州系の自動車メーカーで 2006 年からサプライヤーの評価ツールとして活用されている。日本においては 2010 年のトヨタの米国におけるリコールがきっかけとなり各社が、「ISO26262　自動車の機能安全」の実践を指導している。これらの取組みは、この要求事項への適合証拠となり得る。こ

の領域における自動車リコールも年々増加しており今後の自動車の進化に伴ってさらにプログラムソフトウェア開発は重要な要素となってくる。内部監査プログラムに含めることも要求されている。

> *8.3.3.1 製品設計へのインプット（TS 7.3.2、7.3.2.1 具体化・強化）*
>
> *契約内容のレビュー結果として、製品設計へのインプット要求事項を明確にし、文書化し、レビューすること。製品設計へのインプット要求事項には、次の事項を含めるが、それに限定しない。*
> *a) 特殊特性（8.3.3.3）を含む製品仕様*
> *b) 境界及びインターフェースの要求事項*
> *c) 識別、トレーサビリティ、荷姿*
> *d) 設計の代替案の検討*
> *e) インプット要求事項に伴うリスク、及びフィージビリティ分析の結果を含むリスクを緩和する/管理する組織の能力の評価*
> *f) 保存、信頼性、耐久性、サービス性、健康衛生性、安全性、環境、開発タイミング及びコストを含む、製品要求事項への適合に対する目標*
> *g) 顧客から提供された場合、顧客指定の仕向国の適用される法令・規制要求事項*
> *h) 組込みソフトウェアの要求事項*
>
> *現在及び未来の類似プロジェクトのために、過去の設計プロジェクト、競合製品分析（ベンチマーキング）、供給者からのフィードバック、内部からのインプット、市場データ、及び他の関連する情報源から得られた情報を展開するプロセスを持つこと。*
> *注記：設計代替案を検討するアプローチのひとつには、トレードオフ曲線の活用がある。*

- 先ずはインプット項目に抜け、洩れがないよう、しっかり確認することである。前述の〈部門横断的アプローチ〉の機能を活用して"3人集まれば文殊の知恵"ということでレビューするとよい。
- 特殊特性をはじめ、顧客要求事項はすべてインプットする。部門横断的アプローチを活用し、この部分は営業機能からのアウトプット（顧客のAPQP等）がキーとなる。
- 法規制、過去失敗例、他社リコール例、潜在的市場コンプレイン、競合者・製品の分析、ベンチマークなどの適切な記録、データを明確にして一元管理することがポイントだが、データベース化し検索できるようにしておくと効果的である。
- それぞれの目標値は、顧客要求の目標がインプットであるから、その相関がとれていることが重要である。

用語の定義：
トレードオフ曲線：製品のさまざまな設計特性の相互の関係を理解し伝達するためのツール。一つの特性に関する製品の性能を縦軸に描き、もう一つの特性を横軸に描く。それから二つの特性に対する製品性能を示すために曲線がプロットされる。

8.3.3.2　製造工程設計へのインプット（TS 7.3.2.2　具体化）

製造工程設計へのインプット要求事項を明確にし、文書化し、レビューすること。次の事項を含めるが、それに限定しない。
a) 特殊設計を含む、製品設計からのアウトプットデータ
b) 生産性、工程能力、タイミング、及びコストに対する目標
c) 製造技術の代替案
d) もしあれば、顧客要求事項
e) 過去の開発からの経験
f) 新しい材料
g) 製品の取り扱い及び人間工学的要求事項
h) 製造設計、組立設計

製造工程設計には、問題の大きさに対して適切な程度で、遭遇するリスクに釣り合う程度のポカヨケ手法の採用を含める。

良い製造工程設計は、量産品の品質のバラツキが少ないこと、及び生産効率の向上に寄与する。日本の自動車部品が高品質かつ均質であることは、製造工程設計のレベルが高いということである。自動車部品の多くは金型、ジグを使用しておりこれらの設計は製造工程設計として重要である。

8.3.3.3　特殊特性（7.3.2.3　具体化・強化）

顧客指定、また組織がリスク分析により特殊特性を特定するプロセスを確立し、文書化し、実施するために部門横断的アプローチを用いること。それには次の事項を含めること。
a) 図面（必要に応じて）、リスク分析（FMEAのような）、コントロールプラン、及び標準作業/作業指示書における特殊特性の文書化。特殊特性は、固有の記号で識別され、これらの文書を通じて展開される。
b) 製品及び生産工程の特殊特性に対する管理及び監視方策の開発

> c) 要求された場合、顧客規定の承認
> d) 顧客規定の定義及び記号、又は記号変換表に定められた、組織の同等の記号もしくは表記法への適合。記号変換表は、要求されれば顧客に提出すること。

第2章 2.7「用語と定義」の⑫参照。製品安全において最も重要な品質特性であり厳密な管理が必要である。

- コントロールプラン（製品品質計画書）で管理方法を定め、試作、量産試作、量産の各段階を通して、設計FMEA（DFMEA）、工程FMEA（PFMEA）の実施、及びすべての製造プロセスのなかで特定され、最重要品質特性として管理されなければならない。
- 工程パラメータは、例えば熱処理条件などである。自動車ではエンジン部品、ドライブ系、ブレーキ部品などの重要保安部品に熱処理された金属部品が多数使用されている。
新製品では、その工程パラメータ（温度、時間、電流・電圧値等の製造管理条件）の最適条件を設定するため何回もテストを行っている。
- 顧客自動車メーカーに指定されていなくても、品質上、製造上のリスク防止の観点から、組織が独自に決めて、該当する場合はサプライヤーに対しての指定も行うこと。第2者監査などで確認すること。

> *8.3.4.1 監視（TS 7.3.4.1 具体化・追加）*
>
> - *製品及び工程の設計・開発中の規定された段階での測定項目を、定め、分析し、その要約結果をマネジメントレビューへのインプットとすること。(9.3.2.1)*
> - *顧客に要求される場合、製品及び工程の開発活動の測定項目は、規定された段階で顧客に報告するか、又は顧客の合意を得る。*
>
> *注記：必要に応じて、測定項目には、品質リスク、コスト、リードタイム、クリティカルパス、等の測定項目を含める。*

個々の製品における設計プロセスは、決められた段階ごとに評価され、次の段階に進んでいくことを確実にしなければならない。設計プロセスの監視は、設計開発段階の進捗を管理し、正しい情報をトップに提供することが要求される。顧客自動車メーカーの承認等と関連付けられた設計・開発の段階に実施すること。設計・開発の活動における測定項目とは、設計・開発計画に対する有効性、進捗度を明確にすることであり、日程、コスト、設計レビューのアウトプットなどである。マネジメントレビューにインプットということは、裏を返すと1年に1、2回だけのマネジメントレビューではなく、適時に行わないと意味がないということを理解してほしい。設計開発プロジェクトの進捗報告会など経営層に対して行う会議体があれば、これをマネジメントレビューと位置付ければよい。マネジメントレビューへのインプット9.3.2.1項

の a)～k）について、全てを一つの会議で報告せよという要求事項はない。

8.3.4.2 設計・開発の妥当性確認（TS 7.3.6.1 具体化・強化）

- 設計・開発の妥当性確認は、該当する産業規格及び政府機関の規制基準を含む、顧客要求事項に従って実行すること。
- 設計・開発の妥当性確認のタイミングは、該当する場合、顧客指定のタイミングに合わせて計画する。
- 顧客との契約上の合意がある場合、設計・開発の妥当性確認には、<u>顧客の完成品システムの中で、組込みソフトウェアを含めて</u>、組織の製品の相互作用の評価を含める。

部品単品で行える妥当性確認と、完成車の機能として行わなければ意味のないものとがある。後者の場合は、顧客と一緒に確認することが最も有効であるが、顧客が実施した場合は、その試験結果に問題がなかったということを確実にしておくことである。後に問題が発生したときの証として重要である。特にソフトウェアについてはハード（実機）にて行わないと不具合の検出が困難である。

8.3.4.3 試作プログラム（TS 7.3.6.2 具体化）

- 顧客から要求される場合、試作プログラム及び試作コントロールプランを持つこと。
- 可能な限り、量産で採用する同一供給者、治工具、及び製造工程を使用する。
- タイムリーな完了及び要求事項への適合のため、全ての性能試験活動を監視する。
- これらの業務をアウトソースする場合、アウトソースしたサービスが要求事項に適合するために、管理の方式及び程度を品質マネジメントシステムの適用範囲に含める。（*ISO9001 の 8.4 参照*）

プロトタイプ（試作）といっても、段階がある。自動車メーカーには開発のための試作専門メーカーにも仕事を出しているが、ここでの要求は基本仕様が決定したあとの開発後期のプロトタイプのことである。あくまでも、顧客自動車メーカーからの「技術仕様書」に基づいて実施することである。試作に使用されたツーリング（ジグ、工具）及びアウトソーシングは記録を残す。試作プログラムにおいてアウトソースするプロセスについて品質マニュアルと関連文書において明確にする。

8.3.4.4 製品承認プロセス（TS 7.3.6.3 具体化）

- 顧客が定めた要求事項に適合する製品および製造の承認プロセスを、確立し、実施し、維持すること。

> - 自らの部品承認を顧客に提出するのに先立って、外部から提供される製品及びサービスを ISO9001 の 8.4.3 によって承認する。
> - 顧客に要求される場合、出荷に先立って、文書化した顧客の製品承認を取得する。そのような承認の記録を保持する。
>
> *注記：製品承認は、製造工程が検証された後に実施することが望ましい。*

　顧客固有要求（CSR）により、個別の顧客の要求に基づき実施されている PPAP（生産部品承認プロセス）のことである。製品及び製造工程に関するすべての決定・変更は顧客自動車メーカーの事前承認が必要である。

　これは、自動車という製品特性から構成部品履歴及びトレーサビリティ確保のためにサプライヤーに対しても確実に実施すること。

8.3.5.1　設計・開発からのアウトプット―補足（TS 7.3.3.1　具体化・一部追加）

> *製品設計からのアウトプットは、製品設計からのインプット要求事項と対比した検証及び妥当性確認が出来るように表現すること。*
>
> *製品設計からのアウトプットには、該当する場合には、次の事項を含めるが、それに限定されない。*
>
> *a) 設計リスク分析（FMEA）*
> *b) 信頼性調査の結果*
> *c) 製品の特殊特性*
> *d) DFSS、DFMA、及び FTA のような、製品設計のポカヨケの結果*
> *e) 3D モデル、技術データパッケージ、製品製造の情報、及び幾何寸法と交差（GD & T）を含む製品の定義*
> *f) 2D 図、製品製造の情報、及び幾何寸法と交差（GD & T）*
> *g) 製品デザインレビューの結果*
> *h) サービス故障診断の指針並びに修理及びサービス性の指示書*
> *i) サービス部品要求事項*
> *j) 出荷のための荷姿及びラベリング要求事項*
>
> *注記：暫定設計のアウトプットには、トレードオフプロセスを通じて解決された技術問題を含めることが望ましい。*

　製品デザインレビューは極めて重要な意味をもつ。

　最終的なアウトプットの記録は、「適合」あるいは「問題が解決された状態」が明確になっている形で完結していること。「問題が存在している形」で残すと、万が一のとき（例えば、

リコールの調査など)、とんでもないことになるので注意すること。内部監査においてインプットとの対比で検証すること。
(当局による安全欠陥の監査などで、設計レビューの記録は必ず要求される。設計レビューの記録には、出席者の特定、レビュー結果が明確に分かるようにしておくこと)

用語の定義：
- DFSS（シックスシグマ設計　design for six sigma）：顧客の期待を満たし、シックスシグマ品質レベルで生産可能な製品又は工程の頑健な設計を狙いとする、体系的方法論、ツール、及び手法
- DFMA（製造及び組立設計　design for manufacturing and assembly）：二つの方法論の組み合わせ。製造設計（DFM）は、より容易に生産するための設計を最適化するプロセスであり、より高いスループット、改善した品質を持つ。組立設計（DFA）は、不具合のリスクを低減する、コストを下げる、及び組み立てし易くための設計の最適化である。
- FTA（故障の木解析　fault tree analysis）：システム全体の論理図を創出することによって、故障、サブシステム、及び冗長設計要素との関係を描く。

8.3.5.2 製造工程設計からのアウトプット（TS 7.3.3.2 具体化・強化）

製造工程設計からのアウトプットを、製造工程設計へのインプットと対比して検証できるように文書化すること。そのアウトプットを、製造工程設計へのインプット要求事項と対比して検証する。
製造工程からのアウトプットには、次の事項を含めるが、それに限定されない。
a）仕様書及び図面
b）製品及び製造工程の特殊特性
c）特性に影響を与える、工程インプット変数の特定
d）設備及び工程の能力調査を含む、生産及び管理のための治工具及び設備
e）製品、工程、及び治工具のつながりを含む、製造工程フローチャート／レイアウト
f）生産能力の分析
g）製造工程 FMEA
h）保全計画及び指示書
i）コントロールプラン（附属書 A 参照）
j）標準作業及び作業指示書
k）工程承認の合否判定基準
l）品質、信頼性、保全性及び測定性に関するデータ

> m) 必要に応じて、ポカヨケの特定及び検証の結果
> n) 製品/製造工程の不適合の迅速な検出、フィードバック、及び修正の方法

　設備設計、工程レイアウト、PFMEA、コントロールプラン（工程 QC 表）、保全計画など、新製品あるいは変更製品の立ち上げ前のこのプロセスは、均質で安定した量産部品の製造という目標において、量産後の品質に大きく影響する。通常このプロセスは CFT にて実施され製品設計のアウトプットから製品（モノ）にする最終段階の結論であり、特に部品メーカーにおいては、製品設計以上のエネルギーが必要である。量産になって顕在化する製造工程の不具合で反省するケースは少なくない。過去トラブルなどを活用した PFMEA は抜け漏れなく実施し、評価側も確実な検証を行うことが肝心である。しかしながら、実際の審査では製造工程 FMEA が効果的に使われていないケースが散見される。特に、工程 FMEA やコントロールプランが顧客提出用の PPAP 文書としてのみ作成されている場合には、工程 FMEA の実施タイミングが遅すぎることや、RPN の高い故障モードに対する改善策が展開されていない（又は、現場では改善活動をしているが工程 FMEA に反映されていない）という問題が良く見られる。工程 FMEA を使って改善策に取り組んだ結果をコントロールプランに反映させる。工程 FMEA とコントロールプランは「活きた文書」として常に最新版の状態に維持することが期待されている。

8.3.6.1　設計・開発の変更—補足（TS 7.3.7、7.1.4　具体化・強化）

> - 組織またはその供給者から提案されたものを含めて、初回の製品承認の後の全ての設計変更を、合わせ立て付け、形状、機能、性能、及び/又は耐久性に対する潜在的な影響を評価する。これらの変更は、製造開始前に、顧客要求事項に対する妥当性確認を実施して、内部で承認する。
> - 顧客から要求される場合、文書化した承認、又は文書化した免除申請を、製造開始前に顧客から得ておく。
> - <u>組込みソフトウェアを持つ製品に対して、ソフトウェア及ハードウェアの改訂レベルを変更記録の一部として文書化する。</u>

　設計変更によるリスク評価が、妥当性確認のプロセスを通して確実に行われることを明確化している。組込みソフトウェアを持つ製品のハードウェア/ハードウェアの改訂レベルの管理が追加されている。

　著者の経験から、設計（製品、製造工程とも）の変更による影響評価が不十分で発生している不具合は少なくない。

規格の箇条 8.4 の目次

8.4 外部から提供されるプロセス、製品及びサービスの管理

　この項のポイントは、供給者に対する要求事項の強化である

　8.4.1　一般

　8.4.1.1　一般―補足

　8.4.1.2　供給者選定プロセス **NEW**

　8.4.1.3　顧客指定の供給者（指定購買）

　8.4.2　管理の方式及び程度

　8.4.2.1　管理の方式及び程度―補足

　8.4.2.2　法令・規制要求事項

　8.4.2.3　供給者の品質マネジメントシステム開発

　8.4.2.3.1　自動車製品に関係するソフトウェア又は組込みソフトウェアをもつ製品 **NEW**

　8.4.2.4　供給者の監視

　8.4.2.4.1　第二者監査 **NEW**

　8.4.2.5　供給者の開発

　8.4.3　外部提供者に対する情報

　8.4.3.1　外部提供者に対する情報―補足

8.4.1.1　一般―補足（TS 7.4.1　注記）

サブアッセンブリ、シーケンス、選別、手直し及び校正サービスのような顧客要求事項に影響する全ての製品及びサービスを、外部から提供される製品、プロセス及びサービスの適用範囲に含める。

8.4.1.2　供給者選定プロセス **NEW**

文書化した供給者選定プロセスを持つこと。選定プロセスには、次の事項を含める。

a）選定される供給者の製品適合性、顧客に対する組織の製品の継続供給に対するリスク評価

b）品質及び納入パフォーマンス

c）供給者の品質マネジメントシステムの評価

d）部門横断的意思決定

e）該当する場合、ソフトウェアの開発能力の評価

> *考慮することが望ましい。他の選定基準は次の事項*
> *―自動車事業の規模（絶対量及び事業全体における割合）*
> *―財務的安定性*
> *―購入製品、材料、又はサービスの複雑さ*
> *―必要な技術（製品又はプロセス）*
> *―利用可能な資源（例：人材、インフラストラクチャ）の適切性*
> *―設計・開発の能力（プロジェクトマネジメントを含む）*
> *―製造能力*
> *―変更管理プロセス*
> *―事業継続計画（例：災害対応、緊急事態対応計画）*
> *―物流プロセス*
> *―顧客サービス*

　通常の顧客個別要求（CSR）にある購買要求事項が共通項として入ってきた。実際に起こり得る事象に対するリスクが網羅されている。各供給者に対する見直し、及び望ましい（Should）項目についても適用しない場合の正当性を明確にすること。

> *8.4.1.3　顧客指定の供給者（指定購買）（TS 7.4.1.3　具体化）*

> *顧客に指定された場合、組織は、製品、材料、又はサービスを顧客指定の供給者から購買する。*
> *8.4の全ての要求事項（IATF16949の8.4.1.2の要求事項を除く）は、顧客との間で契約による合意がない限り、顧客指定の供給者の管理に対しても適用される。*

以前と変わらず

> *8.4.2.1　管理の方式及び程度―補足（TS 7.4.1　具体化・強化）*

> *以下の文書化したプロセスを持つこと。*
> *アウトソースしたプロセスを特定する、外部から供給される製品、プロセス、並びにサービスに対し、内部（組織）及び外部顧客の要求事項への適合を検証するために用いる管理の方式と程度を選定する。*
> *そのプロセスには、供給者のパフォーマンス及び製品、材料、又はサービスのリスクの評価に基づく、開発活動と管理の方式及び程度を上げる又は減らす判断基準及び処置を含める。*

供給者のパフォーマンス、リスク評価に基づいた管理方法とレベルを決めるためのプロセス、例えば受け入れ検査、第2者監査等による評価基準を定める。

8.4.2.2　法令・規制要求事項（TS 7.4.1.1　具体化・強化）

購入した製品、プロセス、及びサービスが、受入国、出荷国、及び顧客に特定された仕向国で適用されている法令、規制要求事項が提供された場合、その要求に適合することを確実にするプロセスを文書化する。

顧客が、法令・規制要求事項をもつ製品に対して特別管理を定めている場合、供給者で管理する場合を含めて、定められたとおりに実施し、維持することを確実にする。

仕向け国の有害物質等の規制が厳しい地域（例えば欧州）については、顧客側からは指示されるのが普通であるが、特に組織の供給者に対して、素材等の管理について徹底すること。規制物質が含まれた製品が輸入禁止となる場合はリコールとなる。

8.4.2.3　供給者の品質マネジメントシステムの開発（TS 7.4.1.2　具体化）

自動車製品及びサービスの供給者に、顧客による他の許可（例　下記のa））がない限り、この自動車産業QMS規格に認証されることを到達目標として、ISO9001に認証された品質マネジメントシステムの開発、実施、及び改善を要求すること。この要求事項を達成するために、次の順序を適用することが望ましい。ただし、顧客によって他に指定されたときは、この限りではない。

a）第2者監査を通じたISO9001に対する適合

b）第3者審査によるISO9001認証。顧客による他の規定がない限り、組織への供給者はISO9001に対する認証を実証しなければならない。実証するには認証機関がISO/IEC17021へのマネジメントシステム認証において正式に認められたIAF MLA（International Accreditation Forum Multilateral Recognition Arrangement）メンバーの認定マークを持つ認定機関が発行する第3者認証を保持していること。

c）第2者監査を通じた、顧客が定めた他のQMS要求事項（例えばMinimum Automotive Quality Management System Requirement for Sub Tier Suppliers [MAQMSR] 又はそれに相当するもの）への適合を伴うISO9001に対する認証

d）第2者監査を通じたIATF16949に対する適合を伴うISO9001への認証

e）第3者審査を通じたIATF16949に対する認証（IATFが認めた認証機関によるIATF16949の第3者認証）

3.2 要求事項の要点と対応

　最低限 ISO9001 への適合が必須であることは同じである。供給者の規模、能力に合わせて到達目標に進んでゆくように支援すること。

　今回改訂では、後述 8.4.2.4.1 項で第2者監査の要求事項が追加されたことに伴い、供給者（サプライヤー）に対する品質マネジメントシステムの開発についても「第2者監査」によるステップが明確化された。

　注意すべきは、8.4.2.3 の c）項にある "*Minimum Automotive Quality Management System Requirement for Sub Tier Suppliers.*" である。これは Ford および Chrysler の CSR の一部であり、IATF ウエブサイトで入手可能（英文）である。Ford および Chrysler を顧客に持つ組織はこの内容を遵守することは当然であるが、IATF が Tier2 以下のサブ・サプライヤーに要求するマネジメントシステムがどういうレベルであるか？　を知る上でも参考になると考える。

8.4.2.3.1　自動車製品に関係するソフトウェア又は組込みソフトウェアを持つ製品 🆕

- *自動車製品に関係するソフトウェアの供給者、又は組込みソフトウェアを持つ自動車製品供給者に、その製品に対するソフトウェア品質保証のためのプロセスを実施し維持することを要求すること。*
- *ソフトウェア開発評価の方法論は、供給者のソフトウェア開発を評価するために活用する。*
- *リスク及び顧客へ及ぼす潜在的影響に基づく優先順位付けを用いて、供給者にソフトウェア開発能力の自己評価の文書化した情報を保持するよう要求する。*

新規追加項目で要求レベルは、8.3.2.3　設計・開発における要求内容と同じである。

8.4.2.4　供給者の監視（TS 7.4.3.2　具体化・一部追加）

外部から供給される製品、プロセス、及びサービスの内部及び外部顧客の要求事項への適合を確実にするために、供給パフォーマンスを評価する、文書化したプロセス及び判断基準をもつこと。

少なくとも、次の供給者のパフォーマンス指標を監視すること。
a）納入された製品の要求事項への適合
b）構内保留及び出荷停止を含む、受入工場において顧客が被った迷惑
c）納期実績
d）特別輸送費の発生件数

もし顧客から提供されれば、次の事項も供給者のパフォーマンスの監視に含める。
e）品質問題又は納期問題に関係する、特別状態の顧客通知
f）ディーラーからの返却、ワランティー補償、市場処置、及びリコール

8.4.2.4.1 第2者監査 NEW

- 供給者の管理方法に第2者監査プロセスを含めること。第2者監査は、次の事項に対して使用してもよい。
  a）供給者のリスク評価
  b）供給者の監視
  c）供給者のQMS開発
  d）製品監査
  e）工程監査

- 少なくとも、製品安全/規制要求事項、供給者のパフォーマンス、及びQMS認証レベルを含むリスク分析に基づいて、第2者監査の必要性、方式、頻度及び範囲を決定するための基準を文書化する。
- 第2者監査報告書の記録を保持する。
- 第2者監査の範囲が供給者のQMSを評価する場合、その方法は自動車産業プロセスアプローチと整合性がとれていること。

注記：手引きは、IATF監査員ガイド、及びISO19011参照

通常、顧客固有要求（CSR）にて要求されているが共通項となった。内部監査と同様なレベルで第2者監査を実施すること。本書第4章を参照。

8.4.2.5 供給者の開発 NEW

- 現行の供給者に関して、必要な供給者開発の優先順位、方式、程度、及びタイミングを決定する。決定するためのインプットには次の事項を含めるが、それに限定しない。
  a）供給者の監視（8.4.2.4）を通じて特定されたパフォーマンスの問題
  b）第2者監査の所見（8.4.2.4.1）
  c）第3者QMS認証の状況
  d）リスク分析

・未解決（未達）のパフォーマンス問題を解決するため、及び継続的改善に対する機会を追及するために必要な処置を実施する。

8.4.2.3　供給者の品質マネジメントシステムの開発とも相まって供給者の開発に力を注ぐことが強調されている。特にグローバルなサプライチェーンを維持するためにも必要な活動である。

8.4.3.1　外部提供者に対する情報―補足 **NEW**

全ての該当する法令・規制要求事項、製品及び工程の特殊特性を供給者に伝達し、サプライチェーンをたどって、製造現場まで、全ての該当する要求事項を展開するよう供給者に要求する。

重要品質不具合、リコールを意識した要求である。特に国内外の法令・規制情報は自動車メーカーからの情報が有効なインプットである。サプライチェーンを通した情報の伝達ルートの仕組みを見直す必要がある。

図 3.8 に法規制情報処理プロセスの例を紹介する。

規格の箇条 8.5 の目次

8.5　製造及びサービス提供

　　この項の、ポイントは製造に関する変更点（シャットダウン、工程管理の一時変更など）に対するリスク対応である。

　8.5.1　製造及びサービス提供の管理

　8.5.1.1　コントロールプラン

　8.5.1.2　標準作業―作業者指示書及び目視標準

　8.5.1.3　作業の段取り設定検証

　8.5.1.4　シャットダウン後の検証 **NEW**

　8.5.1.5　TPM（Total productive maintenance）

　8.5.1.6　生産治工具並びに製造、試験、検査の治工具及び設備の運用管理

　8.5.1.7　生産計画

　8.5.2　識別及びトレーサビリティ

　8.5.2.1　識別及びトレーサビリティ―補足

　8.5.3　顧客又は外部提供者の所有物

　8.5.4　保存

　8.5.4.1　保存―補足

第3章 ISO9001 及び IATF16949 要求事項の要点と対応

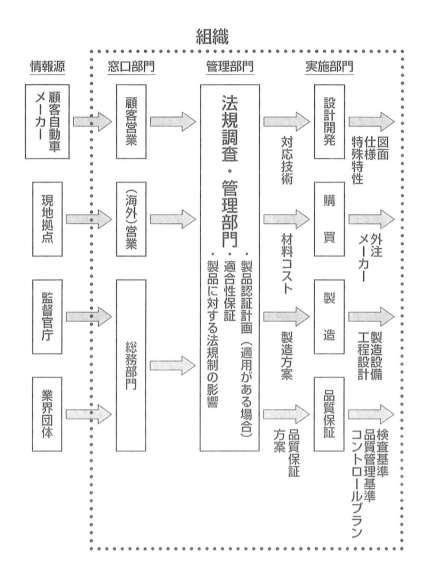

図 3.8　法規制情報処理プロセスの例

8.5.5　引渡し後の活動
8.5.5.1　サービスからの情報のフィードバック
8.5.5.2　顧客とのサービス契約
8.5.6　変更の管理
8.5.6.1　変更の管理—補足
8.5.6.1.1　工程管理の一時的変更 NEW

3.2 要求事項の要点と対応

8.5.1 製造及びサービス提供の管理

注記：適切なインフラストラクチャーには、製品の適合を確実にするために必要な製造設備を含む。監視及び測定のための資源は、製造工程の効果的な管理を確実にするために必要な、適切な監視及び測定設備を含む。

8.5.1.1 コントロールプラン（TS 7.5.1.1 具体化・強化）

- 該当する製造拠点及び全ての供給する製品に対して、コントロールプラン（附属書Aに従って）を、システム、サブシステム、構成部品、及び/又は材料のレベルで、部品だけでなくバルク材料を含めて、策定すること。
- ファミリーコントロールプランは、バルク材料及び共通の製造工程を使う類似の部品に対して受容される。
- 量産試作及び量産に対して、（もし顧客から提供されれば）設計リスク分析からの情報がどのようにつながっているかを示し、工程フロー図、及び製造工程のリスク分析のアウトプット（FMEAのような）からの情報を反映するコントロールプランをもつ。
- 顧客から要求される場合、量産試作又は量産コントロールプランを実行したときに集めた測定及び適合データを顧客に提供すること。
- 次の事項をコントロールプランに含める。
  a) 作業段取り設定検証を含む、製造工程の管理に使用された管理手段
  b) 該当する場合には、初品/終品の妥当性確認
  c) 顧客及び組織の双方に定められた特殊特性に対して適用される管理の監視方法（附属書A 参照）
  d) もしあれば、顧客から要求される情報
  e) 不適合製品が検出された場合、工程が不安定又は統計的に能力不足になった場合の、規定された対応計画（附属書A 参照）
- 組織は、次の事項が発生した場合、コントロールプランをレビューし、必要に応じて更新すること。
  f) 不適合製品を顧客に出荷したと組織が判断した場合
  g) 製品、製造工程、測定、物流、供給元、生産量変更、又はリスク分析（FMEA）に影響する変更が発生した場合（附属書A 参照）
  h) 該当する場合には、顧客苦情及び関連する是正処置の実施後
  i) リスク分析に基づく設定された頻度にて

> ・顧客に要求されれば、組織は、コントロールプランのレビュー又は改訂の後で、顧客の承認を得なければならない。

製造工程設計のアウトプットとして製品ごとに作成する。試作、量産試作、量産のそれぞれの3段階で作成される。製品ごとに構成部品、材料レベルまで適用するが、わが国の自動車サプライヤーは部品ごとに「QC工程表」の形で作成しているものが多い。製造プロセスにおける品質管理計画書であり、製造工程監査の基準文書となるものである。上記f)〜i)の事項があった時は見直しがされ必要に応じて更新されることを確実にすること。

附属書AのA.2コントロールプランの要素 一般データの1項に機能グループ/責任エリアが追加、対応計画の中の是正処置が削除された。

コントロールプランは、製品特性を製造工程で造り込むための「管理策（これを英語でControlsと言う）」の一覧表である。管理策で封じ込めようとしているのは製造工程の「リスク」であり、工程FMEAではこのリスクを「故障モード」と呼んでいる。前述（**8.3.5.2 製造工程設計からのアウトプット**）のように、コントロールプランと工程FMEAは、活きた文書としてその製品が製造されている間は常に最新版として維持する必要がある。製造工程に問題があったとき（例えば顧客流出不具合）、最初に検証するべき文書は工程FMEAである。流出した品質不具合が故障モードとして工程FMEAで認識されていたかどうか？ これが最初のチェックポイントである。故障モードに挙げられていても「想定外の原因」により問題が発生する場合もある。この点についても工程FMEAを見直しする。その上で是正処置対策を実施した結果、問題となった流出不具合を防止するための「管理策」が見出される。これをコントロールプランに反映することになる。現場で作業員に提示する「作業指示書／作業要領書」は、コントロールプランの下位文書として新規作成または見直し改訂することになる。コントロールプランは欧米流に言えば「顧客との契約書」であり、IATF16949認証組織においては最重要文書として管理することが期待される。

> *8.5.1.2 標準作業—作業者指示書及び目視標準（TS 7.5.1.2 具体化・一部追加）*
>
> ・標準作業文書は次の要件を満たすこと。
>   a) 作業の責任を持つ従業員に伝達され、理解される。
>   b) 読みやすい。
>   c) それに従う責任のある要員に理解される言語で提供する。
>   d) 指定された作業現場で利用可能である。
>
> ・標準作業文書には、作業者の安全に関する規則も、含める。

3.2 要求事項の要点と対応

作業者の安全が追加された。

8.5.1.3　作業の段取り検証（TS 7.5.1.3　具体化・一部追加）

次の事項の実施
a) 作業の最初の稼働、材料切り替え、作業変更のような新しい設定を必要とする作業の段取りが実施される場合は設定した内容を検証する。
b) 段取り設定要員のために文書化した情報を保持する。
c) 該当する場合は、検証に統計的方法を使用する。
d) 該当する場合には、初品/終品の妥当性を確認する。必要に応じて、初品は終品との比較のために保持し、終品は次の工程稼働まで保持することが望ましい。
e) 段取り設定及び初品/終品の妥当性確認後の工程及び製品承認の記録を保持する。

記録保持の追加。

8.5.1.4　シャットダウン後の検証 **NEW**

計画的又は非計画的シャットダウン後に、製品が要求事項に適合することを確実にするのに必要な処置を定め、実施すること。

　休日後の稼働開始、臨時の停止後の検証作業、特に設備機械、パラメーター管理が多い組織は点検手順など確実に運用すること。

8.5.1.5　TPM（Total productive maintenance）（TS 7.5.1.4　具体化・強化）

文書化したTPMシステムを構築し、実施し、維持すること。そのシステムには、最低限、次の事項を含める。
a) 要求された量の適合製品を生産するために必要な工程設備の特定
b) a) で特定された設備に対する交換部品の入手性
c) 機械、設備、及び施設の保全のための資源の提供
d) 設備、治工具、及びゲージの荷姿及び保存
e) 該当する顧客の要求事項
f) 文書化した保全目標、例えば、OEE（設備総合効率）、MTBF（平均故障間隔）、及びMTTR（平均修理時間）、並びに予防保全の順守指標。保全目標に対するパフォーマンスは、マネジメントレビューへのインプットとする。

> g) 目標が未達であった場合の、保全計画及び目標、並びに是正処置のために文書化された処置計画に対する定期的レビュー
> h) 予防保全方法の使用
> i) 該当する場合には、予知保全方法の使用
> j) 定期的オーバーホール

　予防及び予知保全というタイトルからTPM（総合的生産保全）に変わった。一昔前はわが国が得意とする領域であったが、人の代わりにコンピューターがコントロールするようになって様子は変わってきている。

　予知保全では、機器メーカーの取扱い説明書に基づくメンテナンス計画、消耗部品の交換時期などの記録や統計的なデータと、過去の故障などとの相関を分析して稼働時間の最適化を図ること。交換部品などの在庫管理も内部監査において現場監査を行うこと。予防保全については、緊急事態と合わせて検討してリスク予防が図られていることが肝心である。これも図上でなく実地検証することが有効である。生産継続上、優先度が高いプロセスゆえマネジメントレビューのインプットとなったことは分かる。

> *8.5.1.6　生産治工具及び製造、試験、検査治工具と設備の管理（TS 7.5.1.5、7.5.4.1　具体化）*

> ・該当する場合には、生産及びサービス用材料並びにバルク材のための治工具及びゲージの設計、製作、及び検証活動に対して資源を提供すること。
> ・次の事項を含んで、組織所有又は顧客所有の生産治工具であっても、これらの運用管理システムを確立し、実施すること。
> a) 保全及び修理用施設並びに要員
> b) 保管及び補充
> c) 段取り設定
> d) 消耗する治工具の交換プログラム
> e) 製品の技術変更レベルを含む、治工具設計変更の文書化
> f) 治工具の改修及び文書の改訂
> g) シリアル番号又は資産番号のような識別、生産中、修理中又は廃却のような状況の識別、所有者及び場所といった識別
>
> ・顧客所有の治工具、製造設備、及び試験/検査設備に、所有権及び各品目の適用が判別できるように、見やすい位置に恒久的マークがあることを検証する。

- 作業がアウトソースされる場合、これらの活動を監視するシステムを実施する。

　生産現場における顧客所有の治工具等を含めた管理について責任を明確にして実行する。一般的に生産管理部門、工務部門などのプロセス。

8.5.1.7　生産計画（TS 7.5.1.6　具体化）

- 生産計画は顧客の注文/需要を満たすため、キーとなる工程の生産情報にアクセスできる情報システムによってサポートされたジャストインタイム（JIT）のような生産が計画されることを確実にすること。
- それらに関連する計画情報、例えば顧客注文、供給者のオンタイム納入パフォーマンス、生産能力、負荷配分（複数の部品加工場所）、リードタイム、在庫レベル、予防保全、校正などの情報を生産計画に含めること。

8.5.2　識別及びトレーサビリティ（TS 7.5.3）

注記：検査及び試験の状態は、自動化された製造搬送工程中の材料のように本質的に明確である場合を除き、生産フローにおける製品の位置によっては示されない。状態が明確に識別され、文書化され、規定された目的を達成するならば、代替え手段が認められる。

　トランスファーマシン（自動製造搬送工程）にある材料などは、本質的に素性がわかっているので識別がなくてもよいが、例えば、熱処理に入る材料や製品は、熱処理炉に入る前に、移動表などで識別しておかないと後で識別ができなくなる。

8.5.2.1　識別及びトレーサビリティ—補足（TS 7.5.3.1　具体化・強化）

- トレーサビリティの目的は、顧客が受け入れた製品、又は市場において品質及び/又は安全関係の不適合を含んでいる可能性がある製品に対して、開始、終わりのポイントを特定することを支援するためにある。識別及びトレーサビリティのプロセスを下記に記載されている通りに実施すること。
- 組織は、全ての自動車製品に対して、従業員、顧客、及び消費者に対する<u>リスクのレベル又は故障の重大度に基づいて、トレーサビリティ計画の策定及び文書化</u>を含めて、内部、顧客、及び規制のトレーサビリティ要求事項の分析を実施すること。その計画は、製品、プロセス、及び製造場所ごとに、適切なトレーサビリティシステム、プロセス、及び方法を、次に定めること。
  a) 不適合製品及び/又は疑わしい製品を識別できるようにする。

> b）不適合製品及び/又は疑わしい製品を分別できるようにする。
> c）顧客及び/又は規制の対応時間の要求事項を満たす能力を確実にする。
> d）対応時間の要求事項を満たせるようにできる様式（電子版、印刷版、保管用）で<u>文書化した情報を保持する</u>ことを確実にする。
> e）顧客又は規制基準によって規定されている場合、<u>個別製品のシリアル化された識別</u>を確実にする。
> f）識別、及びトレーサビリティ要求事項が安全/規制特性を持つ、<u>外部から提供される製品に拡張適用</u>することを確実にする。

　リスクに基づく考え方からトレーサビリティ要求事項が具体化された。これは市場リコールを意識した不具合の教訓に基づいていると考える。自動車という製品特性から欠陥部品による影響を全てのステージにおいて特定し、原因系のサプライチェーンに亘ってトレーサビリティを追跡してゆくためのシステムの見直しを行うことである。

8.5.4.1　保存―補足（TS 7.5.5.1　具体化）

- 保存に関わる考慮事項には、識別、取り扱い、汚染防止、包装、保管、伝送又は輸送、及び保護を含めること。
- 保存は、外部及び/又は内部の提供者からの材料及び構成部品に受領から加工を通じて、顧客による納入/受入するまでを含めて、適用する。
- 劣化を検出するために、保管中の製品の状態、保管容器の場所/方式、及び保管環境を、適切に予定された間隔で評価する。
- 組織は、在庫回転時間を最適化するため、及び"先入先出し"（FIFO）のような、在庫の回転を確実にするために、在庫管理システムを使用する。
- 旧式となった製品は、不適合品と同様な方法で管理することを確実にする。
- 顧客から提供された、保存、包装、出荷、及びラベリング要求事項に適合させる。

　「先入れ―先出し」ができる倉庫レイアウト及び劣化チェックが容易にできるような保管方法を現場・現物レベルで評価すること。記録は証拠のため必要であろう。
　新製品については、製品特性に応じた、保管条件（環境含む）の設定、有効期限、チェック頻度などを決定すること。旧型在庫については、誤ってリリースされるようなことを防止するため、識別し隔離すること。また、内部監査では必ず現場を検証すること。

8.5.5.1 サービスからの情報のフィードバック（TS 7.5.1.7　具体化・一部追加）

・製造、材料の取り扱い、物流、技術、及び設計活動へのサービスの懸念事項に関する情報を伝達するプロセスを確立し、実施し、維持すること。

注記1：この箇条に"サービスの懸念事項"を追加する意図は、顧客の拠点又は市場で特定される可能性がある不適合製品及び不適合材料を組織が認識することを確実にするためである。
注記2："サービスの懸念事項"には、該当する場合には、市場不具合の試験解析（10.2.6 参照）の結果を含めることが望ましい。

"サービス関心事"（Service Concern）とは、組織外（顧客先、市場…）で発生した不具合を意味している。社外不具合に関する情報交換を製造、技術、設計部門で共有化し、効果的な対応ができるようなプロセスを確立すること。

　一般的に自動車メーカーでは、市場の品質問題はサービスセンターなどが窓口となり、品質保証部門で初期分析され、その結果が源流部門の製造、技術、設計部門にフィードバックされ改善活動が開始される。自動車側で起こった不具合内容に関して、その重要度、発生頻度、拡大性のリスク評価を行うため、顧客自動車メーカーとの情報ルートを確立すること。

8.5.5.2　顧客とのサービス契約（TS 7.5.1.8　具体化）

・サービス契約がある場合、組織は、次に事項を実施すること。
　a) 関連するサービスセンターが、該当する要求事項に適合することを検証する。
　b) 特殊治工具又は測定設備の有効性を検証する。
　c) 全てのサービス要員が該当する要求事項について教育訓練されている。

　市場サービスとして顧客自動車メーカーとのサービス契約がある場合、例えばオーディオを例にとると、自動車ユーザーの窓口は自動車会社であるが、専門部品の補修は専門技術を持つサプライヤーでないとできない。一昔前は、カーエアコン、カーステレオなどがメーカー指定のオプション装着であったが現在ではほとんどない。市場サービス活動の有効性の検証は、量産準備段階で顧客自動車メーカーのサービス部門と合同で実施していることが多い。

8.5.6.1　変更の管理―補足（TS 7.1.4　具体化）

・製品の実現に影響する変更を管理し対応する、<u>文書化したプロセス</u>を持つこと。
・顧客、又は供給者に起因する変更を含む、変更の影響を評価すること。
・組織は、次の事項を実施すること。
　a) 顧客要求事項への適合を確実にするための検証及び妥当性確認の活動。

> b）実施の前に変更の妥当性確認を行う。
> c）<u>関係するリスク分析の証拠を文書化する。</u>
> d）検証及び妥当性確認の記録を保持する。
>
> ・供給者で行う変更を含めて、変更は、製造工程に与える変更の影響の妥当性確認を行うために、その変更点（部品設計、製造場所、又は製造工程の変更のような）の検証に対する生産トライアル稼働を要求することが望ましい。
> ・顧客に要求される場合、組織は、次の事項を実施する。
>   e）直近の製品承認の後の、計画した製品実現の変更を顧客に通知する。
>   f）変更の実施の前に、文書化した承認を得る。
>   g）生産トライアル稼働及び新製品の妥当性確認のような、追加の検証又は識別の要求事項を完了する。

　新製品から量産品のすべての変更に対して適用される。影響評価、検証及び妥当性確認のプロセスを持ち、顧客に通知し、承認を得ることが要求される。

　具体的方法は顧客自動車メーカーの指示に従うことになる。例えば、部品仕様の変更では、自動車メーカーの指定方法に従って変更申請するが、図面、変更品のテスト結果報告書、FMEA（必要な場合）、設計変更に伴なう検証、妥当性検証結果及び部品サンプルをそろえる必要がある。顧客自動車メーカーによりすべての提出を求めるか、あるいは一部を組織側での保管を要求されるかなどの差があるが、重要なのは変更によるリスク評価を含む妥当性とトレーサビリティである。

　これらの手続きに関する文書・記録のことをQS—9000では「PPAP（ピーパップ）ファイル」と称していた。自動車部品サプライヤーならどこでも実施していることだが、自動車メーカーによっても多少レベルが違うので、個々の顧客の要求に従うことになる。

> **要点**
>
> 著者の経験から、リコールなどの重大欠陥も含めて、部品メーカーが独自または一部の顧客担当者と暗黙のうちに変更したことが、後の不具合での調査の結果、変更に対する正式な承認がされていなかったという例は決して少なくない。

　関連する項目には、コントロールプラン、設計記録、検査指示書、製造プロセスパラメータ、材料仕様／報告書、測定装置、部品承認要求、技術図面、作業指示書、その他顧客要求事項がある。

8.5.6.1.1　工程管理の一時変更 NEW

- 検査、測定、試験、及びポカヨケ装置を含む、工程管理のリストを特定し、文書化し、維持すること。
  そのリストには、当初の工程管理及び承認されたバックアップ又は代替方法を含める。
- 代替管理方法の使用を運用管理するプロセスを文書化する。このプロセスに、リスク分析（FMEAのような）に基づいて、重大度、及び代替管理方法の生産実施の前に取得する内部承認を含める。
- 代替方法を使用して、検査され又は試験された製品の出荷前に、要求される場合、顧客の承認を得ること。
- コントロールプランに引用され、承認された代替管理方法のリストを、維持し、定期的にレビューする。
- 標準作業指示書は、代替工程管理方法に対して利用可能であること。
- コントロールプランに定められた標準工程に可及的速やかに復帰することを目標とする。標準作業の実施を検証するために、代替工程管理の運用を、最低限度、日常的にレビューすること。方法例には次の事項を含める。しかし、それに限定しない。
  a）日常的な品質検証活動（例　該当する場合には、階層別工程監査）
  b）日常的な部門長会議

- 重大度、及びポカヨケ装置または工程の全ての機能が有効に復帰しているとの確認に基づいて定められた期間、再稼働の検証結果は文書化する。
- 代替工程管理装置又は工程が使用されていた間、生産された全ての製品に対しトレーサビリティを確実にする（例　全勤務シフトから得られた初品及び終品の検証及び保持）。

　製造工程が承認されたものと変わり、工程フローが変更になったときは、事前に必ず顧客よる承認が必要であるが、例えば機械・設備の故障などで、承認が届く前に、異なる工程フローで生産を開始した場合などには、出荷前には必ず事前承認を得て、表示し、記録を残すこと。
　日常的な操業の中で発生し得ることであり、変更の規模・内容にもよるが多くは現場ベースで管理されており、問題も顕在化されない傾向がある。このプロセスを適切に運用するためには、現在行われている一時的な工程変更（異常対応含め）を洗い出し、個々のケースに対する管理レベルを決定することが必要である。厳しい方法を一律に行うような手順は避けリスクに合わせた合理的な手順を策定すべきである。内部監査においては事例による検証を行い、手順の有効性を実証させておくとよい。

> **規格の箇条 8.6、8.7 の目次**
>
> 8.6 製品及びサービスのリリース
>> *8.6.1 製品及びサービスのリリース―補足* NEW
>> *8.6.2 レイアウト検査及び機能試験*
>> *8.6.3 外観品目*
>> *8.6.4 外部から提供される製品及びサービスの検証及び受け入れ*
>> *8.6.5 法令・規制への適合*
>> *8.6.6 合否判定基準*
>
> 8.7 不適合なアウトプットの管理
> この項のポイントは手直し製品、修理製品の管理である。
>> 8.7.1 （不適合なアウトプットの管理）
>> *8.7.1.1 特別採用に対する顧客の正式許可*
>> *8.7.1.2 不適合製品の管理―顧客規定のプロセス* NEW
>> *8.7.1.3 疑わしい製品の管理*
>> *8.7.1.4 手直し製品の管理*
>> *8.7.1.5 修理製品の管理* NEW
>> *8.7.1.6 顧客への通知*
>> *8.7.1.7 不適合製品の処分* NEW
>> 8.7.2 （不適合なアウトプットの管理）

> *8.6.1 製品・サービスのリリース―補足* NEW
>
> ・製品及びサービス要求事項が満たされていることを検証するため計画した事項が、コントロールプランに含まれ、かつ、コントロールプラン（附属書 A 参照）に規定されていることが文書化されていること。
> ・製品及びサービスの初回リリースに対する計画した事項が、製品又はサービスの承認を網羅すること。
> ・製品又はサービスの承認が、ISO9001 の 8.5.6（変更の管理）に従って、初回リリースに引き続く変更の後に遂行されること。

製品の出荷における活動（検査、承認など）がコントロールプランによって確実にさだめられていること。

> *8.6.2 レイアウト検査及び機能試験（TS 8.2.4.1 一部追加）*
>
> - *レイアウト検査、並びに該当する顧客の材料及び性能の技術規格に対する機能検証は、コントロールプランに規定されたとおり、各製品に対して実行されること。その結果は、顧客がレビューのために利用できること。*
>
> *注記1：レイアウト検査は、設計記録に示される全ての製品寸法を完全に測定することである。*
> *注記2：レイアウト検査の頻度は、顧客によって決定される。*

すべての製品に対し、コントロールプランに定められた項目及び頻度で実施する。

記録は通常、顧客自動車メーカーに提出されることになる。レイアウト検査の基準寸法は、顧客と合意されている設計図面の数値である。この数値が何らかの原因（例えば、加工図面への変換時など）で違っていたなどの不具合が稀にあるので、設計図面値を内部監査の時に確認することをお奨めする。

寸法以外では、金属製品でいえば硬度、組成、表面処理などというものである。社内で、このような測定をするところが一般的に 7.1.5.3.1 の「内部試験所」（社内ラボ）である。

> *8.6.3 外観品目（TS8.2.4.2 一部追加）*
>
> *"外観品目"として顧客に指定された組織の製造部品に対して、組織は、次の事項を提供すること。*
> *a) 照明を含む、評価のための適切な資源*
> *b) 必要に応じて、色、絞、光沢、金属性光沢、風合い、イメージの明暸さ（DOI）のマスター、及び触覚技術*
> *c) 外観マスター及び評価試験の保全及び管理*
> *d) 外観評価を実施する要員が力量を持ちそれを実施する資格を持っていることの検証*

"外観品目"指定部品（内外装部品、金属光物など）については、顧客自動車メーカーと明確な基準で合意をしておくことが望ましい。例えば、「限度見本」（マスター）で同じものを両者で保持するというような方法が有効である。また、外観評価資格要員の力量要件を定め、記録を維持すること。

著者の経験で、英国自動車メーカーが製造した OEM モデルで、塗装品質基準はいつも議論が多かった。また、視覚、聴覚という官能検査において日本人と西洋人の感覚的な違い（右脳と左脳か？）もあるという面白いこともわかったのである。

> *8.6.4 外部から提供される製品及びサービスの検証及び受け入れ（TS 7.4.3.1）*
>
> *次の一つ以上の方法を用いて、外部から提供されるプロセス、製品、及びサービスの品質を確実にするプロセスを持つこと。*
> *a) 供給者から組織に提供された統計データの受領及び評価*
> *b) パフォーマンスに基づく抜き取り検査のような、受入検査及び/又は試験*
> *c) 第2者、第3者評価又は供給者のサイトの監査で、受け入れ可能な納入製品の要求事項への適合の記録を伴う場合*
> *d) 指定された試験所による部品評価*
> *e) 顧客と合意した他の方法*

受入れ検査の方法である。購入製品の重要度によって使い分ければよい。
5つの方法とは
① 管理図や工程能力データによる検証
② 組織自身による受入検査、ロット検査、抜き取り検査など。
③ 工程監査を供給者において実施する。ISO9001認証取得をしていればシステム部分はこれに代えて省略もある。大事なのは供給者の製品品質が要求を満たしているかを検証することである。
④ 外部の試験所に試験・検査を委託する。これは顧客の指示または承認された試験所であること。
⑤ 顧客と合意した方法であるから、一方的な顧客指示を出される前に組織側から提案をしていくほうがよい。

> *8.6.5 法令規制への適合（7.4.1.1 具体化・強化）*
>
> *自社の工程フローに外部から提供される製品を投入する前に、外部から提供されたプロセス、製品、及びサービスが、製造された国、及び提供されれば顧客指定の仕向国における<u>最新の法令、規制、及び他の要求事項に適合していることを確認し、それを証明する証拠を提供</u>すること。*

特に有害規制物質は注意が必要である。前述の8.4.2.2を参照。
素材などを商社から購入する場合、証明書を入手しておくこと。

> *8.6.6 合否判定基準（TS 7.1.2）*
>
> ・*合否判定基準は、組織によって定められ、必要に応じて又は要求がある場合、顧客に承認をうけること。*
> ・*抜き取りで得られた係数データの合否判定基準は、不良ゼロ（ゼロ・ディフェクト）のこと（9.1.1.1 参照）。*

合否判定基準では、計数データ（OK、NGだけの判定）と、計量データ（長さ、重さなど合格範囲を決めて判定）があるが、前者において、例えば外観品質基準のなかに、「キズなきこと」というものがある。

一般的に日本では、これだけでも適切な検査がなされ、顧客自動車メーカーに暗黙の了承がされている場合が多いが、これは国際的にはあまり通用しない。こういうのは、合否判定レベルの差が出ないように、限度見本などにより、顧客と判定基準の合意と承認を取っておくことが大事である。

> *8.7.1.1 特別採用に対する顧客の正式許可（TS 8.3.4 具体化）*
>
> *組織は、製品又は製造工程が現在承認されているものと異なる場合は常に、その後の処理の前に顧客に特別採用又は逸脱許可を得なければならない。*
>
> ・*不適合製品の"現状での使用"及び手直しする処置について、その後の処理を進める前に顧客の正式許可を受けること。もしも構成部品が製造工程で再使用される場合には、その構成部品は、特別採用または逸脱許可によって、明確に顧客に伝達されること。*
> ・*特別採用によって認可された満了日又は数量の記録を維持すること。*
> ・*組織は認可が満了となったときには、元の又は置き換わった新たな仕様書及び要求事項に適合していることを確実にすること。*
> ・*特別採用として出荷される材料は、各出荷容器上で適切に識別されること（これは、購入された製品にも等しく適用する）。*
> ・*供給者からのいかなる要請も顧客に提出する前に承認すること。*

特別採用の申請手続きは顧客ごとに決められた方法で実行することであるが、大事なことは対象となった製品のトレーサビリティを必ず取っておくことである。特別採用品が後で問題となった時などのリスク回避のためにも必要である。

> *8.7.1.2 不適合製品の管理―顧客規定のプロセス* **NEW**
>
> 不適合製品に対して該当する顧客規定の管理に従うこと。

> *8.7.1.3 疑わしい製品の管理（TS 8.3.1 強化）*
>
> ・未確認の又は疑わしい状態の製品を、不適合製品として分類し管理すること。
> ・全ての適切な製造要員が、疑わしい製品及び不適合製品の<u>封じ込めの教育訓練を受け</u>ることを確実にする。

　このような判断をするように作業者を意識付けることも大切であるが、ポカヨケのような簡単なハードで間違いを防止する方法も検討した方がよい。

> *8.7.1.4 手直し製品の管理（TS 8.3.2 具体化・強化）*
>
> ・製品を手直しする判断の前に、手直し工程におけるリスクを評価するために、リスク分析（FMEAのような）の方法論を活用すること。顧客から要求される場合、組織は、製品の手直しを開始する前に、顧客から承認を得ること。
> ・コントロールプラン又は他の関連する文書化した情報に従って、正規仕様への適合を検証する手直し確認の文書化したプロセスを持つこと。
> ・再検査及びトレーサビリティ要求事項を含む、分解又は手直し指示書は、適切な要員がアクセスでき、利用できること。
> ・量、処理、処置日、及び該当する<u>トレーサビリティ情報を含めて、手直しした製品の処置に関する文書化した情報を保持する。</u>

　手直し（Rework）の定義：ISO9000：2015の3.12.8では、「要求事項に適合させるため、不適合となった製品又はサービスに対してとる処置、手直しは、不適合となった製品若しくはサービスの部分に影響を及ぼす、又は部分を変更することがある」と定めている。
　手直しして、再検査し適合品として使用するための管理プロセスである。組織の製品により手直しの内容は異なると考えると、まず組織として手直しとする対象作業を定義する必要がある。これは次項の「修理製品」の要求事項との差異を理解することが大事である。手直しでは、"顧客が要求する場合"に対して事前承認が必要、修理では、この顧客が要求する場合がない点（即ちすべてということになる）に注意。日常的に起こる手直しであれば、当然リスク分析は行って品質リスクがないことを実証して、面倒な手続きを合理化しておく必要があるだろう。
　手直しの例としては、バリ除去、組付け調整、構成部品の交換など。

> **8.7.1.5 修理製品の管理 NEW**
>
> - 製品を修理する決定の前に、修理工程におけるリスクを評価するために、リスク分析（FMEAのような）の修理方法論を活用すること。組織は、製品の修理を開始する前に、顧客から承認を得ること。
> - コントロールプラン又は他の関連する文書化した情報に従って、修理確認の文書化したプロセスを持つこと。
> - 再検査及びトレーサビリティ要求事項を含む、分解又は修理指示書は、適切な要員がアクセスでき、利用できること。
> - 修理される製品の特別採用について、文書化した顧客の正式許可を受けること。
> - 量、処理、処置日、及び該当するトレーサビリティ情報を含めて、修理した製品の処置に関する文書化した情報を保持する。

　修理（Repair）の定義：ISO9000：2015の3.12.9では、「意図された用途に対して受入可能とするため、不適合となった製品又はサービスに対してとる処置、
注記1：不適合となった製品又はサービスの修理が成功しても、必ずしも製品又はサービスが要求事項に適合するとは限らない。修理と併せて特別採用になることがある。
注記2：修理には、例えば、保守の一環として、以前は適合していた製品又はサービスを使用できるように元に戻す、修復するためにとる処置を含む。
注記3：修理は、不適合となった製品又はサービスの部分に影響を及ぼす又は部分を変更することがある」と定めている。
　これは明らかに手直しのレベルと違うことが分かる。特別採用を前提とした内容と理解するとよい。
　リスク分析を行い、トレーサビリティを取っておくことは特に重要である。
　修理の例としては、再加工、外観基準からの外れなど。

> **8.7.1.6 顧客への通知（TS 8.3.3 追加）**
>
> *不適合製品が出荷された場合には、顧客に対して速やかに通知すること。最初の通知に引き続き、その事象の詳細な文書を提供する。*

　自動車の部品点数、製造・組立プロセスを理解していれば、完成車をばらして部品交換作業を行うなどということは、部品、部位にもよるが、現実として非常に困難であるということを認識すべきである。量産工場なら1日の生産は2000台以上、手直しや組み換えが発生したら、

生産滞留による混乱や計画出荷、生産計画まで悪影響が出るリスクがある。不適合製品が出荷された場合は時間が勝負である。

8.7.1.7 不適合製品の処分 **NEW**

- 手直し又は修理できない不適合の処分に関する文書化したプロセスを持つこと。
- 要求事項を満たさない製品に対して、スクラップされる製品が廃棄の前に使用不可の状態にされていることを検証する。
- 事前の顧客承認なしで、不適合製品をサービスまたは他の使用に流用してはならない。

不適合品の処理手順では、ハード面で混入しない方策を定めるのがベスト、なるべく人が選別することは避けること。

規格の箇条9の目次

9. パフォーマンス評価

　この箇条の変化点としては、QMSのパフォーマンスの評価が重視されていることである。リスクと機会への取組みの有効性が追加され、IATFではリスクベースのプロセスアプローチによる内部監査、マネジメントレビューが強調されている。

9.1 　監視、測定、分析及び評価
　9.1.1 　一般
　9.1.1.1 　製造工程の監視及び測定
　9.1.1.2 　統計的ツールの特定
　9.1.1.3 　統計概念の適用
　9.1.2 　顧客満足
　9.1.2.1 　顧客満足―補足
　9.1.3 　分析及び評価
　9.1.3.1 　優先順位付け
9.2 　内部監査
　9.2.1 　（内部監査）
　9.2.2 　組織は、次に示す事項を行わなければならない。
　9.2.2.1 　内部監査プログラム
　9.2.2.2 　品質マネジメントシステム監査
　9.2.2.3 　製造工程監査
　9.2.2.4 　製品監査
9.3 　マネジメントレビュー

9.3.1 一般
9.3.1.1 マネジメントレビュー—補足
9.3.2 マネジメントレビューへのインプット
9.3.2.1 マネジメントレビューへのインプット—補足
9.3.3 マネジメントレビューからのアウトプット
9.3.3.1 マネジメントレビューからのアウトプット—補足 NEW

9.1.1.1 製造工程の監視及び測定（TS 8.2.3.1 具体化）

- 全ての新規製造工程（組立又は順序付けを含む）に対して、工程能力を検証し、特殊特性の管理を含む工程管理への追加インプットを提供するために、工程調査を実施すること。

注記：製造工程によって、工程能力を通じて製品適合を実証できない場合がある。それらの工程に対しては、仕様書に対する一括適合のような代替えの方法を採用してもよい。

- 顧客の部品承認プロセス要求事項で規定された製造工程能力（Cpk）又は、製造工程性能（Ppk）の結果を維持すること。
- 組織は、工程フロー図、PFMEA、及びコントロールプランが実施されることを確実にすること。これには次の事項の順守を含める。
  a) 測定方法
  b) 抜き取り計画
  c) 合否判定基準
  d) 変数データに対する実際の測定値及び/又は試験結果の記録
  e) 合否判定基準が満たされない場合の対応計画及び上申プロセス

- 治工具の変更、機械の修理のような工程の重大出来事は、文書化した情報として記録を保持する。
- 統計的に能力不足又は不安定のいずれかである特性に対して、コントロールプランに規定された対応計画を開始すること。
- 対応計画には、必要に応じて、製品の封じ込め及び全数検査を含めること。
- 工程が安定し、統計的に能力をもつことを確実にするために、特定の処置、時期、及び担当責任者を規定する是正処置計画を策定し実施すること。この計画は、要求される場合、顧客とともにレビューし承認を得ること。

組織は、工程変更の実行日付の記録を保持すること。

新しい製造プロセスの工程能力、工程管理のため、工程調査が要求されているが、新製品の場合、製造工程設計の妥当性確認ということである。量産試作の段階で見極めが行われる。これらの結果はコントロールプランに反映される。

製造工程管理は、現業部門による日常的な CFT 活動（朝会、現場スタッフミーティングなど）により情報の共有化、迅速な対応が重要である。作業者に対しては"見える化"を促進し、必要な教育訓練をおこなうこと。またコントロールプランで決められたデータ記録が適切に取られているかなどの監視も必要である。現場におけるデータ分析や関連部門との調整など現業の技術サポートを行う要員の確保も経営者として忘れてはならない。

9.1.1.2　統計的ツールの特定（TS 8.1.1　具体化）

- *統計的ツールの適切な使い方を決定すること。適切な統計的ツールが先行製品品質計画—APQP（又はそれに相当する）プロセスの一部として含まれていること、該当する場合には、設計リスク分析（DFMEAのような）や工程リスク分析（PFMEAのような）、及びコントロールプランに含まれることを検証すること。*

本書　第 6 章　コアツール参照

9.1.1.3　統計概念の適用（TS 8.1.2　具体化）

バラツキ、管理（安定性）、工程能力、及び過剰調整によって起こる結果のような統計概念は、統計データの収集、分析、及び管理に携わる従業員に理解され、使用される。

わが国の自動車産業の強みとなった「現場の QC（品質管理)」は、OJT を含み QC 活動、教育・訓練の賜物であった。作業者のレベルの高さは製造業の最大の強みである。

9.1.2.1　顧客満足—補足（TS 8.2.1　具体化・強化）

- *製品及びプロセスの仕様書及び他の顧客要求事項への適合を確実にするために、内部及び外部の評価指標の継続的評価を通じて、組織に対する顧客満足を監視すること。*
- *パフォーマンス指標は、客観的証拠に基づき、次の事項を含める。しかし、それに限定されない。*
  - *a) 納入した部品の品質パフォーマンス*
  - *b) 顧客が被った迷惑*
  - *c) 市場で起きた回収、<u>リコール</u>、<u>ワランティー補償</u>（該当する場合）*

> d) 納期パフォーマンス（特別輸送費が発生する場合を含む）
> e) 品質又は納期問題に関する、特別状態を含む、顧客からの通知
>
> ・製品品質及びプロセス効率に対する顧客要求事項への適合を実証するために、製造工程のパフォーマンスを監視すること。監視には、提供される場合、オンライン顧客ポータル及び顧客スコアカードを含む、顧客パフォーマンスデータのレビューを含める。

　最低限これらのパフォーマンスを継続的に監視し、指標化してマネジメントレビューを始め改善活動のインプットとすることが大事である。
① 納入品質（不良率・金額）
② 市場・顧客クレーム（件数・金額）
③ 納期（納期遅れ件数・予定外輸送費）
④ 品質及び納期に関する顧客の通知（顧客から受けた指示、警告など）
工場の壁などに、品質や生産パフォーマンスのグラフなどを掲示しているのをよく見かける。関連部門が作成して維持更新しているようだが、現場作業者が正しく理解できるような工夫が必要と思われるものもある。品質啓蒙に有効なツールであるが、見る側の教育訓練の活動も大事である。外部者に見える場所にはネガティブな情報は掲示しないこと。

9.1.3.1 優先順位付け（TS 8.4.1）

> 品質及び運用パフォーマンスの傾向は、目標への進展と比較し、顧客満足を改善する処置の優先順付けの支援活動に活用すること。

　この活動のキーは、各種パフォーマンスデータ分析の精度とスピード、その結果がタイムリーにマネジメントに（年1～2回のマネジメントレビューだけでなく定期的な会議などで）報告・評価され、マネジメントから指示が出され、然るべき活動のインプットになるということであり、マネジメントプロセスのPDCAのポイントである。

9.2.2.1 内部監査プログラム（TS 8.2.2.4 具体化・強化）

> ・文書化した内部監査プロセスをもつこと。
> ・そのプロセスには、品質マネジメントシステム監査、製造工程監査、及び製品監査を含む

- 品質マネジメントシステム全体を網羅する内部監査プログラムの策定を含めなければならない。
- 監査プログラムは、リスク、内部及び外部パフォーマンスの傾向、及びプロセスの重大性に基づいて優先順位付けすること。
- ソフトウェア開発の責任がある場合、組織は、ソフトウェア開発能力評価を監査プログラムに含めること。
- プロセス変更、内部及び外部不適合、並びに顧客苦情に基づいて、監査頻度をレビューし、必要に応じて調整しなければならない。監査プログラムの有効性は、マネジメントレビューの一部としてレビューすること。

本書　第4章　内部監査にて詳細参照

9.2.2.2　品質マネジメントシステム監査（TS 8.2.2.1　具体化・強化）

- この自動車産業QMS規格への適合性を検証するために、プロセスアプローチを使用して、各3歴年の期間の間、年次プログラムに従って、全ての品質マネジメントシステムのプロセスを監視すること。それらの監査に統合させて、組織は、顧客固有の品質マネジメントシステム要求事項（CSR）が効果的に実施されているかサンプリングする。

本書　第4章　内部監査にて詳細参照

9.2.2.3　製造工程監査（TS 8.2.2.2　具体化・強化）

- 製造工程の有効性及び効率を判定するため、工程監査のための顧客固有の要求される方法を使用して、各3暦年の期間の間において、全ての製造工程を監査すること。顧客によって定められていない場合、組織は使用する方法を決める。
- 各個別の監査計画の中で、各製造工程は、シフト引継ぎの適切なサンプリングを含めて、監査が行われている全ての勤務シフトを監査すること。
- 製造工程監査には、工程リスク分析（PFMEAのような）、コントロールプラン、及び関連文書が効果的に実施されているかの監査を含める。

本書　第4章　内部監査にて詳細参照

3.2 要求事項の要点と対応

9.2.2.4 製品監査（TS 8.2.2.3 一部追加）

- 規定要求事項への適合を検証するために、顧客固有の要求される方法を使用して、生産及び引き渡しの適切な段階で、製品を監査すること。顧客によって定められていない場合、組織は、使用する方法を定めること。

本書 第4章 内部監査にて詳細参照

9.3.1 マネジメントレビュー―補足（TS 5.6.1.1）

マネジメントレビューは、少なくとも年次で実施すること。品質マネジメントシステム及びパフォーマンスに関係する問題に影響する内部又は外部の変化による顧客要求事項への適合のリスクに基づいて、増やすこと。

　本書 第4章 内部監査の後段で述べているが、マネジメントレビューは年次で行なえば良いということでなく、日常的に実施している経営陣への報告と合わせた仕組みにすることがリスクに基づく考え方から適切である。
　色々な組織の認証審査で見た例は、認証審査の目的だけの、規格のインプット、アウトプットに合わせたMRの記録を作成しているという逐上的な対応である。

9.3.2.1 マネジメントレビューへのインプット―補足（TS 5.6.2.1 強化）

マネジメントレビューへのインプットには、次の事項を含めること。
a) 品質不良コスト（<u>内部不適合及び外部不適合のコスト</u>）
b) プロセスの有効性の対策
c) プロセスの効率の対策
d) 製品適合性
e) 現行の運用の変更及び新規施設又は新製品に対してなされる<u>製造フィージビリティ評価</u>（7.1.3.1 参照）
f) 顧客満足（ISO9001 の 9.1.2 参照）
g) <u>保全目標に対するパフォーマンスの計画</u>
h) <u>ワランティー補償のパフォーマンス</u>（該当する場合）
i) 顧客スコアカードのレビュー（該当する場合）
j) リスク分析（FMEAのような）を通じて明確にされた潜在的市場不具合の特定

> *k）実際の市場不具合及びそれらが安全又は環境に与える影響*

　ISO9001に加えて上記のインプット項目が要求されている。ISO9001：2015でトップマネジメントの役割責任が現実的な形で要求されるようになったが、自動車産業ではこれらの項目をレビューするわけだから年次レベルでは意味がないということである。トップマネジメントにはQMSのパフォーマンスの変化をタイムリーに把握し適切なアウトプットを出すことが要求されている。

　マネジメントレビューは年1～2回の行事ではなく、組織が抱える課題についてPDCAを適切に回すための経営層・管理職層による定例会議と理解すべきである。ISO900：2015規格の9.3.2「マネジメントレビューへのインプット」およびIATF16949：2016の9.3.2.1「インプットの補足」には数多くのインプット項目（これは定例会議での審議議題という意味）がリストアップされている。しかしながら、「1つの会議で全て一緒に審議せよ」とは書かれていない。つまり、マネジメントレビューは、組織が日常行っている複数の会議体の「総称」として認識するべきである。例えば、プロセスのKPIは「業績検討会」、顧客苦情や品質問題は「品質委員会」、開発プロジェクトは「生産準備会議」等々。このような考え方をすれば、年次マネジメントレビューには、次年度の品質方針を決定するため、あるいは中期計画の進捗度合いを把握するためなどに実施すれば効果的運用として位置づけが可能である。

> *9.3.3.1　マネジメントレビューからのアウトプット―補足* **NEW**
>
> *トップマネジメントは、顧客のパフォーマンス目標が未達の場合には、アクションプランを文書化し、実施すること。*

　これは箇条6の品質目標の展開にも関連するマネジメントプロセスの重点事項である。目標の展開結果は逐次、監視・測定され、評価され、分析されて対応策（アクションプラン）へとPDCAが廻される。このプロセスについても内部監査で検証する必要があるので第4章で提言したマネジメント領域の内部監査が必要となる。

> **規格の箇条10の目次**
> 10.1　一般
> 10.2　不適合及び是正処置
> 　10.2.1　（不適合及び是正処置）
> 　10.2.2　（不適合及び是正処置）
> 　*10.2.3　問題解決*
> 　*10.2.4　ポカヨケ*

10.2.5　ワランティー補償管理システム **NEW**
10.2.6　顧客苦情及び市場不具合の試験・分析
10.3　継続的改善
10.3.1　継続的改善―補足

10.2.3　問題解決（TS 8.5.2.1、8.5.2.3　具体化・追加）

- 次の事項を含む、問題解決の方法を文書化したプロセスを持つこと。
  a) 問題の様々なタイプ及び規模に対する定められたアプローチの仕方（例　新製品開発、現行製造問題、市場不具合、監査所見）
  b) 不適合アウトプット（ISO9001の8.7参照）の管理に必要な、<u>封じ込め</u>、<u>暫定処置</u>、及び関係する活動
  c) 根本原因分析、使用される方法論、分析、及び結果
  d) 類似のプロセス及び製品への影響を考慮することを含む、体系的是正処置の実施
  e) 実施された是正処置の有効性検証
  f) 適切な文書化した情報（例　PFMEA、コントロールプラン）のレビュー及び、必要に応じた更新

- 顧客が固有の規定されたプロセス、ツール、又は問題解決のシステムを持っている場合、顧客によって他に承認がない限り、組織は、そのプロセス、ツール、又はシステムを使用すること。

　自動車メーカーはそれぞれ独自の問題解決法を定めている。とは言っても原則は同じであり、図3.9に示す5段階のステップで行う。著者が勤務した自動車メーカーでは、'80年代から「問題解決5原則」という問題分析・解決プロセスを定め、図3.10に示すような活動を行っていた。

1. 事実の把握：現場・現物・現実による
2. 原因の究明：考察・推察する
3. 適切な対策：対策（計画）を作って実行する
4. 効果の確認：結果をチェックする
5. 源流へのフィードバック：PDCAの最後のA→次のPへのインプット

図3.9　問題解決5原則

●第1ステップ：事実の把握・調査

| 1）発生状況 | ①機種、タイプ、部品名
②発生場所
③問題発生時の現象、または訴えの内容
④発生年月日
⑤発生件数
⑥応急処置の内容 |
| 2）事実の把握 | ①問題箇所の概要（測定結果など）
②再現テストなどの結果
③問題発生の要因分析（特性要因図、FMEA、プロセス分析などによる分析及び要因と事実の検証）
④現在生産品の品質状況（$\bar{X}-R$管理図、工程能力、ヒストグラムなどによる現状把握）
⑤発生対象範囲（発生率または台数）とその根拠 |

●第2ステップ：原因の究明

①発生要因に対する原因
　・特性要因図、FMEAなどによる原因究明
　・特に、製造に起因した問題は原因がハード面（設備、治具、工具、検具など）で究明されること
②要因に対する問題事象の再現性
　・再現テスト
　・現場・現物での検証

●第3ステップ：適切な対策

①対策内容
　・対策の選択決定（プロセス分析などを活用）
　・人に起因した原因でも対策はハード面に実施されていること
②対策年月日、対策対象部品、機種、号機
③暫定対策または恒久対策の効果予測（再現テストまたは品質検査データによる効果予測）
④既出出荷への対応
⑤在庫品の処置要否
⑥対策の潜在的リスク分析

●第4ステップ：対策効果の確認

工程または工場での効果確認結果または確認時期（効果は品質データ・量などを対策前後の変化でとらえる）

●第5ステップ：源流へのフィードバック（体制・システムへの適用）

①ハード対策を継続維持する項目の適用（基準、標準など）
②原因となった項目が排除される仕組みへの適用（水平展開含み、規定、手順などの変更など）

図3.10　効果的な問題解決—再発防止対策

この問題分析・解決プロセスのワークシートは「5原則シート」と呼ばれ、品質改善活動で活用され大きな効果を上げた。国内のサプライヤーのみならず、海外のメーカーも含めこの「5原則シート」にお目にかかることがある。顧客自動車メーカーに指定された方法で実施することが多いが、日本の自動車メーカーと海外メーカーとでは、問題解決の本質は同じでも、独特の用語及び実際の活用手法に違いがあるので、十分にスタディーして実施することをお奨めする。

この問題解決の手法は、骨の折れる作業プロセスではあるが、クレーム分析、品質不具合分析などの再発防止において顕著な効果を上げている。

10.2.4 ポカヨケ（TS 8.5.2.2 具体化）

- 適切なポカヨケの手法の活用について決定する<u>文書化したプロセス</u>を持たなければならない。
<u>採用された手法の詳細は、（PFMEAのような）プロセスのリスク分析に文書化し、及び試験頻度はコントロールプランに文書化すること。</u>
- <u>そのプロセスには、ポカヨケ装置の故障又は模擬故障のテストを含めること。記録は維持する。チャレンジ部品が使用される場合、実現可能であれば、識別し、管理し、検証し、及び校正すること。</u><u>ポカヨケ装置の故障には、対応計画を持つこと。</u>

"ポカヨケ"という言葉は、日本の現場のQC手法で使われていた用語が「QS-9000」の和訳版に入り、そして「TS16949」に取り込まれたものだが、今さら、わが国においては解説の必要もないであろう。

ポカヨケは金をかけた大がかりのものではなく、大方は、現場の知恵から出てくるものであり、チョットした工夫で事故（間違い）防止をということである。

是正処置で再発防止を徹底するためには、人の注意を頼りにするのではなく、ハードで押さえ込むポカヨケがベストである。

10.2.5 ワランティー補償管理システム NEW

- 製品に対してワランティー補償が要求される場合、組織は、ワランティー補償管理プロセスを実施すること。
- *NTF（no trouble found）*を含めて、そのプロセスにワランティー補償部品分析の方法を含めること。
- 顧客に規定されている場合、組織はその要求されるワランティー補償管理プロセスを実施する。

用語の定義：
NTF：サービス案件が発生した時に交換され、車両又は部品メーカーによって分析された際に、全ての良品の要求事項を満たす部品に適用される呼称。

顧客クレームは一般的な自動車メーカーのディーラーが対応している。特に、新車の保証期間では安易に部品のみを交換してワランティーとして請求してくるケースも少なくない。通常、自動車メーカーと部品メーカー間にて取り決めに従った処置を行っている。

10.2.6　顧客苦情及び市場不具合品の試験・分析（TS 8.5.2.4　具体化・追加）

- 顧客苦情及び市場不具合に対して、回収された部品を含めて、分析すること。そして、再発防止のために問題解決及び是正処置を開始する。
- 顧客に要求された場合は、これには、顧客完成品内での、組織の製品の<u>組込みソフトウェアの相互作用の分析</u>を含めること。
- 試験・分析の結果を、顧客と組織内に伝達する。

特に市場クレームは、自動車メーカーにおいて、最も重要な品質改善のインプットである。ひとつ間違えば、リコールリスクにつながるので、どこの自動車メーカーでもこの活動には、大きな資源投入を行っているのが普通である。

10.2.3 問題解決で述べたように、顧客から不具合品の調査・解析が要求され、それにより活動が実施される。特に注意を要するのは、"新しい問題"（今まで顕在化していなかった）が発生したときの初動である。もし安全欠陥（リコール）に結びつくようなリスクがある場合は最短時間で実施しなければならない。

サプライヤーとしては、自動車で起こった問題をいち早く把握し、対策活動を展開することが重要であり、このためには顧客自動車メーカーとのコミュニケーションルートを確立し、常に情報を共有化しておくことがポイントである。

組込みソフトウェア製品の場合、試験・分析が完成車として実施される場合があるので、その対応が要求されている。第4章の内部監査の後半にあるクレーム処理プロセスを参照してほしい。

10.3.1　継続的改善—補足（8.5.1.1　組織の継続的改善　　8.5.1.2　製造工程改善　具体化）

- 継続的改善の文書化したプロセスを持つこと。このプロセスに次の事項を含めること。
  a) 使用される方法論、目標、評価指標、有効性、及び文書化した情報の明確化
  b) 工程バラツキ及びムダの削減に重点を置いた、製造工程の改善計画

> c）（FMEA のような）リスク分析
>
> *注記：継続的改善は、製造工程が統計的に能力を持ち安定してから、又は製品特性が予測可能で顧客要求事項を満たしてから、実施される。*

　ISO9001：2015 の 10.3「継続的改善」は、品質マネジメントシステムの適切性、妥当性、有効性を継続的に改善することを要求しているが、文書化の要求はない。この 10.3.1 が TS の 8.5.1.1「組織の継続的改善」、8.5.1.2「製造工程改善」の両方をカバーしている文章なので、この要求は製造工程だけではないと理解する。その場合の文書化したプロセスは上記のキーワードを含めた基本的な方針というレベルでもよいと考える。

第4章

内部監査と第2者監査
(自動車産業以外の組織にも適用できる効果的内部監査)

おすすめ度			
経営層	管理責任者/プロセスオーナー	内部監査員/品質要員	新規参入企業
★☆☆	★★★	★★★	★☆☆

　IATF16949においては、内部監査及び第2者監査に新たな要求事項が加えられた。この章では、自動車産業における豊富な監査経験をもとに、本来の内部監査とは何かを理解し、基本的な監査論に加え、プロセスアプローチ監査手法、リスクに基づく考え方からの監査のポイントなど、日常業務の中でも活用できるリスク検出の監査テクニックについても解説する。

　なお、巻末付録の「要求事項への適合証拠となる活動及び文書」のリストを内部監査で活用すると効果的である。

　自動車会社で国内・海外拠点の内部監査、自動車産業をはじめ多くの企業の審査現場への立会及び内部監査員教育・訓練に携わってきた。自動車産業においてはISO/TS16949の拡大と、企業のQMSの成熟と相まって、内部監査の重要性に対する認識が高まり、より現場指向の内部監査が増えてきている。しかし、ISO全体としては認証維持のためだけの内部監査に留まっている例は少なくない。

　内部監査の結果（指摘事項等のアウトプット）から、どれだけシステムやプロセスの改善が進んだか、また潜在リスクの検出（問題発生の予防）に寄与したかという点を考えていただきたい。たぶん組織の多くは、内部監査のアウトプットから、リスク回避やQMSの改善に結びつく解決策を見出せないでいるように思う。

　認証維持のためだけの内部監査から脱却し、本来の内部監査のあるべき姿を目指したい。

4.1　内部監査は効果的な経営ツール

　自動車業界を始め日本の企業では、以前からTQC/TQMにおける業務検証活動が盛んに行われてきた。経営陣が各部門からの活動報告を受け、現場訪問などにより活動を検証し、仕組みや工程（プロセス）の有効性を評価する活動である。これを"トップ診断"などと呼んでいるが、トップが自ら行うので"現場検証を兼ねたマネジメントレビュー"ということでもある。

　トップ診断の対象は、プロジェクト的なものや重点施策的な、どちらかというとスポット的な面が多いが、もとは全員参加というTQMのツールであり、現場の従業員のモチベーション

向上においては大変効果的である。

これに対し、ISO/IATF の内部監査は独立した内部監査員がマネジメントシステム全体に対して体系的かつ継続的に行う検証機能である。内部監査の結果は、経営陣がマネジメントプロセスに関して適切な経営判断（これがマネジメントレビューのアウトプット）を行うためのインプットにならなければ意味がない。

内部監査が重要な経営ツールであることを、まず経営陣が認識することであり、そのため監査実施側は、内部監査が認証の維持だけの行事ではないことを実証する必要がある。このためには逐条的な適合性監査スタイル、認証機関の審査員の真似でなく、自社の QMS の問題点や弱点を検出してシステム、プロセスの是正、予防及び改善に結びつくようなものにしなければならない。

▷ 形骸的内部監査の典型
- 文書・記録を中心に会議室のような場所で行っている。
- チェックリストは規格文を流用した定型的なものをいつも使っている。
- 監査スケジュールはいつも同じである。

これらに当てはまるとしたら、内部監査は何の付加価値も生まないただの年度行事であり、IATF の要求事項 9.2.2.1「内部監査プログラム」に適合しないおそれがある。

▶ 内部監査に期待されるアウトプット
- 問題の顕在化（ヒヤリ・ハット含め）、潜在的な品質リスクの検出（製品の安全欠陥、リコールリスクなど）
- マネジメントシステム要求事項への適合性
- 顧客要求事項、法的要求事項、製品要求事項への適合性
- プロセス及びプロセス相互間パフォーマンスの有効性
- プロセスの Plan-Do-Check-Act の有効性
- 優れた事例の水平展開
- 組織目標の展開状況及び達成状況
- 経営者への適切な提言

▶ 内部監査が提供する付加価値
- リスクの検出により顕在化　⇒　有効な是正・予防処置
- 改善の機会を特定　⇒　改善活動の推進
- あるべき姿との乖離程度　⇒　ベンチマーキング（目指すべき姿）の明確化
- プロセスアプローチ型監査により、プロセス間の相互作用に関する認識向上
- 有効な監査アウトプット　⇒　マネジメントレビューへのインプット　⇒　的確な経営

判断

4.2 ISO19011（JIS Q 19011）マネジメントシステム監査のための指針

このISOの指針は、IATF16949において内部監査員と第2者監査員の力量の基準とされている。第3者認証審査以外の全てのマネジメントシステム監査を対象にしており、その内容は、用語と定義、監査の原則、監査プログラム、監査の実施、監査員の力量・評価で構成されている。特に、監査プログラムについて、その管理、目的の設定、策定、実施、監視、レビュー及び改善と多くのページがさかれている。自動車産業QMSにおける内部監査のプログラムについては後段で詳細に解説する。

力量について、監査員の資質に以下の13項目を備えていることが望ましいとしている。

> ・倫理的である　・心が広い　・外向的である　・観察力がある　・知覚が鋭い　・適応性がある　・粘り強い　・決断力がある　・自立的である　・不屈の精神をもって行動する　・改善に対して前向きである　・文化に対して敏感である　・協働的である

他の詳細な要件は割愛するが、組織においては内部監査員候補の選定及び認定要件などの参考にするとよい。また、ISO9001：2015の事業プロセスとQMSとの統合という観点から箇条4、5、6の要求事項は組織のマネジメント領域に関連しており、この領域の内部監査には管理職レベルの力量が必要であり、組織の内部監査員の力量について見直す必要があるかも知れない。

4.3 内部監査員の力量と選定

(1) 誰を内部監査員にしたらよいのか？

IATFにおいて要求されている内部監査員及び第2者監査員の要件は図4.1で示す。顧客固有要求事項（CSR）により要件が決められているケースもある（VDA等）。力量については内部監査員の中に第2者監査員も含めて考えてよい。

(2) 内部監査員は二階層が効果的

ISO9001：2015及びIATF16949のプロセスアプローチ型内部監査を行うため、内部監査員については次のような考え方が合理的である。

現業部門の第一線要員である内部監査員を第一階層として、製品実現プロセス内のプロセス（例えば、設計・開発プロセス等）、製造工程監査及び製品監査を担当させるとよい。それは彼らが現場業務・作業を熟知しているからである。観点は運用（Do）が主体であり、決めごと

7.2.3 内部監査員の力量
- リスク思考の自動車産業プロセスアプローチの理解
- 顧客要求事項（CSR）の理解
- ISO9001及びIATF16949要求事項の理解
- 監査範囲に関連したコアツールの理解
- 監査計画～監査所見の完了の方法の理解
- 製造工程監査員：PFMEAほか専門知識
- 製品監査員：測定・試験機器の使用における力量
+ ・ISO19011マネジメントシステム監査の指針に定める力量

7.2.4 第2者監査員の力量
- リスク思考の自動車産業プロセスアプローチの理解
- 顧客要求事項（CSR）と組織の固有要求事項の理解
- ISO9001及びIATF16949要求事項の理解
- 監査対象の製造プロセス：PFMEA、コントロールプラン含む
- 監査範囲のコアツール
- 監査計画～監査所見の完了の方法の理解
+ 顧客要求事項（CSR)で要求されている資格

図4.1　IATFの内部監査員/第2者監査員　力量要求

（QMS基準）が守られているかの検証に重点が置かれる。

1) 第一階層の内部監査員の力量（IATF要求を含む）
   ① 組織の製品に適用される法的規制、ISO/IATF規格、自組織のQMS理解
   ② 製品・サービスのプロセス（少なくとも自分が監査する領域）の理解
   ③ 品質管理の基礎知識（QC7つ道具など）
   ④ その他、企業特性により自組織プロセス及び製品に必要な知識及び経験

　そして、管理職レベルを第二階層として、事業プロセスとQMSとの統合という観点から箇条4、5、6、7の要求事項に対応する「マネジメントプロセス」を担当するとよい。
部門における課題、リスクに対する展開、部門の品質目標妥当性などは部門長レベルに対する内容であり管理職レベルの力量が必要である。この部分は、組織におけるPlan部分であり、「Plan（計画）策定のプロセス」は、事業に大きく関連する部分であり、この領域は管理職レベルの力量がある内部監査員が組織のQMSを横断的に見ることが効果的である。
　内部監査結果は経営陣に提供される重要なインプットであり、かつ品質マネジメントシステムが、事業マネジメントと一体という理解をすればこれは当然なことであろう。

2) 第二階層（管理職レベル）の内部監査員の力量
   ① 上記1)の項目に加え、TQMの実践、特に管理職として組織の事業計画策定に参画し、部門の方針管理（目標管理）を実践していることが望ましい
   ② コスト管理・予算管理の知識

③ 経営資源活用（人・物・金）の知識
④ 教育訓練の面で管理職としての実践が望ましい

3) 二階層の内部監査が合理的な根拠

新たな内部監査の視点（図4.2）及びマネジメントプロセスの監査（図4.3）を示す。

今までは、ISO/TS16949の要求事項に基づく現業主体の内部監査が主流であった

ISO9001：2015では、事業プロセスとの統合から、組織のマネジメントプロセスにも焦点があてられる！
今後は、2層（マネジメントレベルと現場レベル）の内部監査が、この目的にかなう

図4.2　新たな内部監査の視点

現業において、決めごとが守られているか、という視点

Doの領域　　Planの領域

・Plan（計画・目標・決めごと…）の妥当性
・Plan策定のプロセスの有効性
・関連するプロセスとの相互作用
・最終的なアウトプットの有効性
・マネジメントレビューの視点
　　＋リスク思考で！

図4.3　マネジメントプロセスの監査

(3) 内部監査チームの編成

監査チームの編成は、監査プログラムによって決定すべきである。チームは一部門の人に集中するのではなく、各部門及び階層で内部監査員を選定するとよい。また、監査プログラムにより、その監査目的にあった力量を有する内部監査員を選定する必要がある。

(4) 第2者監査員の編成

監査先の製品、プロセスに合わせてチーム編成をする。もちろん、ここでもマネジメント領域を監査する人と現業を監査する人の両方が必要だろう。相手の窓口となっている購買・調達

要員、品質保証要員、該当する場合は設計・開発要員、生産技術要員、製造部門要員などで編成されるとよい。特に相手の製品、プロセスについて技術的知識、経験がある要員は必須である。監査先の現業部門まで入り込んで検証すべきだが、"あらさがし"ではなく、同じ目線で対話できることが肝心である。

▶内部監査員の選定で考慮すべき事項
- 監査プログラムに対応した知識、経験、専門的力量
- 現場領域（第一階層）とマネジメント領域（第二階層）で分け経験力量を考慮
- 内部監査員のアウトプットを評価し、リーダーを選定

(4) 内部監査員の有効活用

内部監査員として登録されたら、台帳を作り個人ごとに実施した内部監査の記録を残しておくと、あとで役立つ。何回経験したらリーダーにするとか、どのような監査プログラムを担当したかで活用方法はいろいろある。内部監査は組織のQMSパフォーマンスを客観的に見る貴重な機会であり、監査経験の蓄積は大きな力量資源である。

お金と手間をかけて育てた内部監査員は、活躍してもらわないと宝の持ち腐れになってしまうが、一年に2、3回の内部監査での出番より、内部監査的なものの見方、問題検出能力が日常業務の中で発揮されることの方が重要である。

4.4 内部監査員の教育

(1) 監査員の教育

監査の基本は、基準（決め事）への適合及びプロセスの有効性を確認するのだから、監査員はその「決め事」自体を理解する必要がある。「決め事」とは、ISO/IATF規格及び組織の定めた品質マネジメントシステムのことである。内部監査員に対する教育は、監査の基本と監査手法、それに、そのコンテンツとなる「決め事」である。

前者は、研修機関が実施している内部監査員研修（2〜3日間の座学研修）で提供されているので、組織がQMS構築段階であれば、これを利用するとよい。

大事なのは、コンテンツである自社組織のシステム、基準を理解していることであって、これは組織内部での監査員研修や、内部監査員としてOJTで習得されるものであるが、内部監査的な見方を日常の業務の中で実践するとよい。

4.5 ISO/IATFで要求されている内部監査

ISO9001：2015とIATF16949 9.2内部監査の要求事項について解説する。

(ISO9001：2015/JIS Q 9001：2005 引用)

> 9.2.1 組織は、品質マネジメントシステムが次の状況にあるか否かに関する情報を提供するために、あらかじめ定められた間隔で内部監査を実施すること。
> a) 次の事項に適合している。
> 1) 品質マネジメントシステムに関して、組織自体が規定した要求事項
> 2) この規格の要求事項
> b) 有効に実施され、維持されている。
> 9.2.2 組織は、次に示す事項を行わなければならない。
> a) 頻度、方法、責任、計画要求事項及び報告を含む、監査プログラムの計画、確立、実施及び維持。<u>監査プログラムは、関連するプロセスの重要性、組織に影響を及ぼす変更、及び前回までの監査の結果を考慮に入れなければならない。</u>
> b) 各監査について、監査基準及び監査範囲を定める。
> c) 監査プロセスの客観性及び公平性を確保するために、監査員を選考し、監査を実施する。
> d) 監査の結果を関連する管理層に報告することを確実にする。
> e) 遅滞なく、適切な修正を行い、是正処置をとる。
> f) 監査プログラムの実施及び監査結果の証拠として、文書化した情報を保持する。
> 　　　　　　　　　　　　　　　　　　　　　　注記　手引きとして JIS Q 19011 を参照。

▶IATF では、9.2.2.1「内部監査プログラム」を追加している。
- 品質マネジメントシステム監査、製造工程監査、製品監査を含み、QMS 全体を網羅した内部監査プロセスの策定、実施についての文書化
- 監査プログラムはリスク、内部・外部パフォーマンスの傾向、プロセスの重大性に基づき優先付け
- ソフトウェア開発の責任がある場合、ソフトウェア開発能力評価を監査プログラムに含める
- プロセスの変更、内部・外部不適合、顧客苦情に基づき、監査頻度をレビュー、調整する
- 監査プログラムの有効性を、マネジメントレビューでレビューすること

▶内部監査プログラムについて
　監査プログラムは ISO9000 及び ISO19011 の定義で"特定の目的に向けた、決められた期間内で実行するように計画された一連の監査"と定められている。これは「監査活動の P（計画）」であり、一般的な日程、項目だけの「監査計画書」（監査スケジュール）の

ことではない。

　監査プログラムの目的は、ISO19011の5.2に述べられているが、内部監査においては監査の目的、範囲、監査基準、資源（監査員・予算など）、日程計画、場所（被監査部門）などを策定することである。

　内部監査で扱う目的別監査プログラムについては後述するが、いつも同じプログラムで行うのではなく時宜を得た重点指向のプログラムを設定する必要がある。前述した「形骸的内部監査の典型」では、要求事項も満たさないことになる。

▶IATF16949で要求されている内部監査
　9.2.2.2　品質マネジメントシステム監査
　9.2.2.3　製造工程監査：コントロールプラン（QC工程表）が監査基準
　9.2.2.4　製品監査：製品の検証（プロセスの成果物）

図4.4にIATF16949で要求されている内部監査を示す。
- 品質マネジメントシステム監査は、プロセスアプローチを使用することを要求している、これは従来の逐条型（規格の定型チェックリストを使った条項ごとに行うようなやり方）ではなくタートル図のプロセス関連情報から展開される監査手法のことである。

　3年間（暦年）で年次計画に従って、全てのQMSのプロセスを監査することが要求されているため、都度の内部監査プログラム策定時に調整をする必要がある。監査はあくまでもサンプリングなので、目的別プログラムに合わせて対象プロセスを特定するとよい。QMSのプロセスの順番通りに行う必要はなく、変化点に対応した重点指向で計画することが効果的である。例えば、目的別監査プログラムが、サプライヤーのプロセスであっても、そこで

・9.2.2.2　品質マネジメントシステム監査
　・プロセスアプローチを使用して
　・3年サイクルにおいて全てのQMSプロセスを監査
　・顧客要求事項（CSR）はサンプリングで監査

・9.2.2.3　製造工程監査
　・顧客固有の要求される方法で
　・3年サイクルにおいて全ての製造工程を監査
　・シフト引き継ぎを含め全シフトを監査

・9.2.2.4　製品監査
　・顧客固有の要求される方法で
　・生産と引き渡しの適切な段階で監査

図4.4　IATF16949の内部監査

対象とした支援プロセスを含む関連プロセスもその時に実施したことになる。
- 製造工程監査は、同様3年間（暦年）で全ての製造工程を監査する。通常、コントロールプランに定められた各事項を現場、現物ベースで検証する方法をとるが<u>顧客ごとに製品が違うので顧客固有要求に従って実施する必要がある</u>。品質マネジメントシステム監査と抱き合わせで行ってもよいが、例えば、新製品立上り直後とかのタイミングで行うのも効果的である。定期的に行うよりも変化点をとらえて重点指向で行うと効果的であるので、組織の内部監査プロセス文書で方針を決めておくとよい。また、全てのシフトを監査が必要である、これはシフト交代を挟んで引継ぎの検証をおこなうこと。

- 製品監査については、TSからの変更はないが、顧客の定める方法により生産、引き渡しの適切な段階で行うことが要求されており、納入姿であれば、梱包、ラベリングなどの適合性が検証できる。

4.6 内部監査プロセスのフロー

一般的な内部監査のフローを表4.1に示す。

この中で重要なのは、準備段階における監査プログラムの策定と、それを受けて監査チームが行う監査対象プロセスの文書レビュー、事前情報の収集、監査作業文書の作成（タートル図、チェックリストなど）及び監査スケジュール作成である。

4.7 プロセスアプローチ型内部監査

(1) 内部監査のアプローチ

ISO9001の内部監査では、一般的に3つのアプローチが活用されていた。
① 規格要素型アプローチ：ISO規格に対する適合性
② 部門手順型アプローチ：ISOの要求事項を組織の決め事にした手順や作業指示などに対する適合性
③ 業務フロー型アプローチ：製品実現（受注～出荷までの製品プロセス）の適合性

プロセスとは業務単位（工程）のことであり、組織の主要プロセス（製品実現プロセス…COP）は通常、顧客の要求が始点となって、COPを支援する支援プロセス、システムとして管理するためのマネジメントプロセスで構成されている。それぞれのプロセスが有効に連携すれば、顧客に渡る製品またはサービスは狙った"質"（あえて"品質"という字句を用いないのは、品質・コスト・デリバリーという3つを対象にしているからである）を持つことになる。プロセス内の作業が決められた手順に従って実施されているかだけでは（手順の適合性確

表 4.1　内部監査プロセスのフロー

ステップ	実施内容	アウトプット	実施責任者・部門
準備段階	年間計画の策定	年間計画書	監査プロセスオーナー
	監査プログラムの策定	監査プログラム	監査プロセスオーナー
	監査実行計画策定	監査実行計画書	監査プロセスオーナー
	内部監査員の選定	内部監査員への指示	監査プロセスオーナー
	内部監査チーム編成	監査チームキックオフ	監査リーダー
	文書レビュー及び監査ツールの準備	タートル図　プロセスチェックリスト	監査リーダー
	監査スケジュール作成	監査詳細スケジュール	監査チーム
実施段階	オープニングミーティング		監査リーダー
	監査の実施	監査結果の記録	監査チーム
	チームミーティング（監査結果のまとめ）	不適合、改善項目の決定	監査チーム
	クロージングミーティング（終了会議）	監査結論の報告	監査リーダー
		是正処置及び改善項目の提示	
監査報告　注）	内部監査報告書の作成	内部監査報告書	監査リーダー
		是正処置要求及び改善要求書	
フォローアップ段階	被監査部門からの是正処置報告の評価	是正処置報告の評価報告	監査リーダーまたはチーム
	内部監査最終報告書の作成	内部監査最終報告書	監査リーダー
マネージメントレビュー報告	経営者への報告	内部監査最終報告書又は経営者への報告資料	監査リーダーまたは監査プロセスオーナー

注）あまり文書偏重にならないように。できれば、監査終了後のチームミーティングでまとめておくとよい。

認）プロセスの相互作用が分からずシステムの有効性は分からない。プロセスアプローチ型内部監査では、プロセスと結果（アウトプット）の検証を行うことに焦点が置かれる。前工程のアウトプット（出し側の結果）と次工程のインプット（入り側）の検証を行うことで連続した工程（プロセス）の有効性は見ることができる。

第1世代のISOでは、もっぱら記録による手順への適合性ばかりに焦点が当てられ、手順が文書と合っていればよしとする悪いISO文化を作ってしまった。認証機関の審査においてもその傾向が長い間続いてしまったため、経営者も内部監査にISOの認証維持以外の期待は持たなくなってしまったのであろう（表4.2）。

表4.2 内部監査アプローチの比較

	利　点	欠　点	適している監査
① 規格要素型	・組織業務の理解が十分でなくてもできる ・定型的なチェックリストが利用できる ・システムの表面だけなので短時間で監査できる ・簡単で使いやすい	・システムの有効性はわからない ・部門間またはプロセス間のつながりは見られない ・基本的な問題がない限り軽微な問題しか検出できない	・規格への適合性（表面的） ・QMS初期構築段階 ・審査前模擬監査
② 部門手順型	・手順の適合性がよくわかる ・部門内の問題は抽出できる ・チェックリスト作成などにより監査員の訓練にも役立つ ・部門ごとなので相手に合わせた時間がとれる ・作業現場を見るのでフローを追跡できる	・システムの有効性はわからない ・部門間またはプロセス間のつながりは見られない ・手順に合っていればよしとしてしまう傾向がある	・手順への適合性 ・部門ごとの役割・責任
③ 業務フロー型	・部門間のつながりがわかる ・問題の発見に役立つ業務フローをトレースするので全体の適合性がわかる ・製品現実プロセスには最適	・業務に精通した監査員のレベルが必要 ・システムの有効性を見るには時間がかかる	・監督官庁の適合性監査の模擬監査 ・製品実現プロセス及び製品監査
④ プロセスアプローチ型	・結果（アウトプット）を評価 ・システムの有効性を評価 ・部門間、プロセス間のつながりがわかる ・PDCAが評価できる ・トップマネジメントに有効な情報が提供できる	・プロセスによっては管理職レベルの力量が監査員に必要 ・被監査部門の対応と協力に手間がかかる	・組織のQMSコアプロセスに対するプロセスアプローチ型監査 ・パフォーマンスの検証及びQMSの効果的実施と維持 ・IATF内部監査

(2) プロセスアプローチ型監査の考え方

・プロセスの評価—基本的な5つのポイント

> ① プロセスは定義され、明確になっているか（顧客要求プロセス-COP-に連鎖し相互関係が明確になっているか？）
> ② プロセス運用の役割責任は明確になっているか（プロセスオーナーは明確か？）
> ③ プロセスは手順に従って、適切に運用されているか（計画され、実行され、監視され、記録され、分析され、改善されているか？）
> ④ プロセスは、要求された結果を達成するのに効果的か（問題を解決するため、再発防止のためにPDCAが回っているか？）
> ⑤ プロセス間の相互作用は有効か（インプット、アウトプットのリンケージは確立され有効に機能しているか？）

プロセスアプローチ型監査のコンセプトを図4.5に説明する。

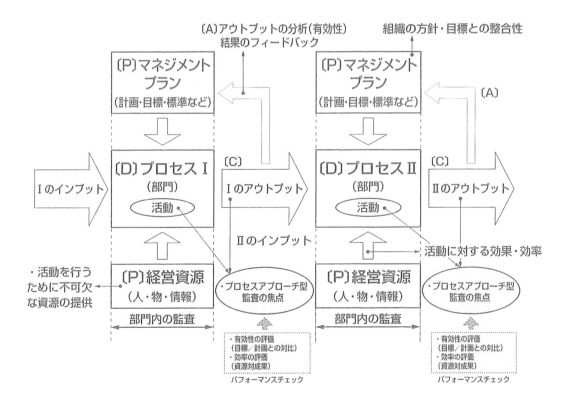

図4.5　プロセスアプローチ型内部のコンセプト

プロセスⅠ、Ⅱは前後したプロセスである。
① プロセスモデルの〔P〕はプロセスのマネジメントプラン（目標、基準など）と経営資源（人・物・情報）であり、主に文書類により計画の適切性及び妥当性が確認できる。
② 次に〔D〕、プロセスの活動は実地監査で検証する。計画にそって実施されているかの視点である。
③ 重要なのは〔C〕、プロセスのアウトプット（結果）の評価・検証である。ここでプロセスの有効性が分かる。
④ 次に、アウトプットについて必要な場合は、改善のためのフィードバックがされているか〔A〕を検証する。アウトプットに問題がある場合は、〔D〕に問題があるのか、〔P〕に問題があるのか、またはインプットに問題があったのか。例えば、原因が要員の力量の疑いがあれば、〔P〕経営資源の要員に対する教育訓練を検証することになる。

このように、プロセスの要素についてその関係を追跡してゆけば問題にたどり着くことができる。効果的なサンプリングで事案を選定し、これを追跡することを「監査トレール」と呼び効果的なプロセスアプローチ監査にかかせない手法である。

プロセスアプローチ内部監査の要点を図4.6、図4.7、図4.8に示す。

・プロセスの実現レベルは明確か？
・判断基準・判定方法 ⇨ 顧客要求と整合しているか？
・プロセスは監視、測定、分析されているか？ ⇨ それらの項目、方法、頻度、報告、活用

図4.6 プロセスアプローチ内部監査の要点

・是正、改善が必要なプロセスは特定され、改善活動が実施されているか？

・指定帳票、実施責任者、日程計画、原因分析、対策、対策効果確認、報告書で検証

図4.7 プロセスアプローチ内部監査の要点

- アウトプットを評価・検証する。

- 後工程をチェック
  ―問題は後工程で顕在化する
  ―最終製品を見る
  ―顧客からのフィードバック

図 4.8　プロセスアプローチ内部監査の要点

4.8　監査プログラム

　形骸的な内部監査から脱却するためには、監査プログラムは大きな意味を持つ。いつも同じパターンの繰り返しの監査からはリスクを検出することは困難である。都度ごとに重点指向の内部監査プログラムを策定することが、IATF16949 の 9.2.2.1「内部監査プログラム」の意図でもある。

　監査プログラムは、監査の目的、範囲、種類、場所、監査基準、監査方法、監査チーム選定、

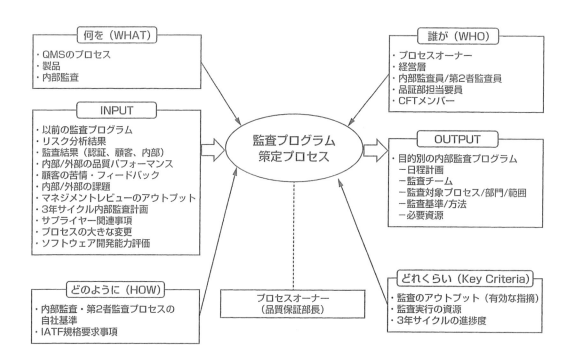

図 4.9　「監査プログラム策定のプロセス」タートル図

スケジュール、必要な資源など、監査を手配し、実施するために必要な情報や資源を含む。

図4.9の「監査プログラム策定のプロセス」のタートル図にてプロセスの各要素について確認いただきたい。このプロセスオーナーは一般的に品質部門責任者であるが、事業プロセスとQMSとの統合という視点から経営陣でもよいだろう。

インプットが重要であり、ここにあるような組織の状況を分析した結果として、どの領域・範囲のプロセスの監査を優先すべきかの「目的別の内部監査プログラム」がアウトプットとして明確になる。このような目的別監査プログラムを策定すると、組織で改善が必要な部分に対して重点指向の監査が計画され、実質的な効果が期待できる。IATF要求にある3年で全てのQMSを監査するので3年間で目的別の内部監査を使い分ければよい。

▶重点指向の内部監査プログラムの例

〈適合性確認型〉
- 法規制適合性
- 規格、QMSへの適合性（QMS構築の初期段階に有効）
- 新製品の適合性（製品監査が含まれる）
- 顧客または供給者との契約事項の検証

〈リスク発掘型〉
- 製品品質リスクの検出（リコール防止など）
- 組織変更によるリスク評価
- 重要サプライヤーの変更

〈課題顕在化型〉
- 顧客クレーム低減
- 新規顧客の要求事項

〈システム改善パフォーマンス向上型〉
- 新製品及びプロセスの有効性
- 品質目標の展開・達成状況
  ……など

4.9 監査チームが行う監査準備

監査プログラムに基づき監査チームが選定されたら、ここからは監査員の仕事である。監査チームリーダーの指揮のもとに、以下の監査の準備作業に入る。

(1) 文書情報を基にした準備作業
① プロセスのフロー図で、監査対象のプロセスが、全体プロセスの中でどのような位置付

けにあるのか確認する。特に前のプロセスと後のプロセスに注目する。
② 監査対象となるプロセスで活用されている基準、手順などをレビューし理解する。
③ 以前の監査（認証審査、顧客監査、内部監査）の結果をレビューする。
④ 監査対象プロセスの最近のパフォーマンスに関する情報があればこれをレビューする。
⑤ 以前、製品やプロセスに問題があった場合は、その事実について妥当なレベルで調査する。

これらの作業により、監査するプロセスの状況と今までのパフォーマンスが分かってくる。次に作業文書の作成である。

(2) 監査ツールの準備

① 上記の文書情報から得られた情報に基づき、タートル図を作成する。ベテランの監査員であれば、タートル図がなくても監査は出来ると考えるが、チームで行うこと及び経験の少ないメンバーのOJTとしても、監査対象プロセスの分析を行ってタートル図を作ることで相手の業務が理解でき、監査で何を検証するかが見えてくる。重要なポイントはインプットであり、これが何であり、どこから入ってくるかを理解しておくことである。プロセスアプローチではプロセスの繋がり（インプットは通常、前工程のアウトプットである）を見ることが重要なポイントである。

② 監査で使うチェックリストを作成する。規格条項をそのまま箇条書きにしたようなチェックリストはつくらないこと。規格条項をキーとしたチェックリストは「逐条チェックリスト」と言って、プロセスの有効性、プロセス間の繋がりによるシステムの有効性は確認できないからである。プロセスアプローチでは、タートル図に基づきプロセスに合わせて具体的なチェック項目を盛り込むことが大事である。
以下に具体例を示す。このレベルのチェックリストにしないとリスクは検出できない。

例：工程FMEAの例

> 逐条チェックリスト：
> 工程FMEAは実施されたか？
> これに対し示された帳票が確認できれば、「よし」としてしまう。これではリスクは全く検出できない。

> プロセスアプローチ型チェックリスト：
> 　工程FMEAの実施（工程FMEAのプロセス）タートル図の各要素について、以下のようなチェック項目を決める。
> ・何をインプットとしたか？（重大な漏れはないか、インプットは適切か）

> - 過去トラブルは調査しているか？（インプット）
> - CFT チームで行ったか？（誰が）
> - 実施したタイミングは適切か？（いつ）
> - S、O、D の評価スコアは基準と整合しているか？（アウトプットに対して）
> - 類似のケースと RPN に違いはないか？（アウトプットに対して）
> - RPN の高いものに優先度をつけているか？
> - 力量ある要員がレビューし承認しているか？（誰が）
> - 工程設計レビューに提出され、評価されているか？（アウトプットに対して）
> - 対策が必要な場合、処置は実施されたか？その結果は？（アウトプットに対して）
> ……という具合である。
>
> 監査員として、これなら大丈夫という確信を得られる証拠を確認することがポイント。

③ 基準や手順書が詳細な（チェックリストのような）内容になっている場合、この基準や手順書のコピーをチェックリストとして活用すれば改めてチェックリストを作成する手間が省ける。

④ チェックリストにより検証の対象とする文書記録、作業現場、製品及びインタビューする相手を分かる範囲で特定する。サンプリングの技法については後述する。

⑤ チェックリストは監査チームメンバーが分担して作成しリーダーがレビューし取りまとめを行うとよい。

▶監査チェックリスト活用の利点
- 限られた時間で何を見るべきか的が絞れる。
- 何を検証すれば、問題がないことが実証されるか分かる。
- 内部監査チームの情報共有
- 監査員の OJT になる
- 有効な記録が残せる（内部監査報告、次回の内部監査へのインプット）

(3) 監査スケジュールの作成と調整

① チェックリストができれば、どこで何を検証するかが明確になるので、スケジュールの案を作成する。スケジュールはチームが常に全員で行動するのではなく、サンプリングに基づき多くの情報にアクセスできるよう工夫すること。

② 被監査部門の責任者と、スケジュールについて調整して確定させる。

③ 監査チームの作成したチェックリストを事前に被監査部門に渡し、自己評価を実施してもらうと効率がよい。

4.10 内部監査の実施

(1) オープニングミーティング

第2者監査を除き、内部監査では、よほど大きな組織でないかぎり認証機関が行うようなオープニングミーティングは必要ない。監査スケジュールの確認と監査チームの紹介、役割責任程度の説明でよい。

(2) 責任者へのインタビュー

最初は、責任者へのインタビューを行い全体の状況について、監査チーム全員が参加して情報を共有化するとよい。最近の課題、パフォーマンスなどについて説明を受けると後につづく監査のトレール（道筋）を作るのに役立つ。

(3) 現場監査（事務所を含んで）

事前に準備した監査ツール（プロセスフローチャート、タートル図、プロセスチェックリスト）を使って可能なかぎり現場で行うこと、ここで現場と言っているのは製造現場だけを指しているのではなく、実際に業務、作業を行っているところという意味である。会議室のようなところでごく一部の人と文書・記録だけを対象に行うことは避けること。これは形骸的監査の典型である。現場には実態が分かる情報があるので客観的事実の確認ができるし、内部監査を通してより密なコミュニケーションが可能になる。

これは第2者監査においても同様である。内部監査でも第2者監査でも目的は組織のシステム、プロセスの改善であり、あら探しではないので敵対関係でやらないことが大事である。

プロセスアプローチの内部監査では、現場、現物そして現実を確認することが最も重要なのだ。

(4) 問題が見つかったら現場で理解させる。

もし、問題が見つかった場合は、それがなぜ問題かを当事者に理解させることが大事である。

その場合は、相手が正しく理解できるように説明し何らかの指摘があることを伝え合意させることである。これをせず、監査後に指摘とすると相手が分かっていない場合があり混乱を招くおそれがある。また、内部監査ではお互いが知っている同志で、指摘しにくいということもあるが、内部監査はあら探しではなく、組織のシステム、プロセスを改善するための共同作業であることを理解しなければならない。

(5) 監査チームの結果まとめ

一日に亘って実施する場合は、途中でチームメンバーが監査結果を持ち寄りチームリーダー

が全体をレビューするとよい。それにより新たな事項を見る必要性の判断もできるし、検出した内容によっては当初の計画を変更して違う事例や場所を見ることも有り得る。

監査の結果について指摘、改善事項を文書化しておくこと。この時点ではメモ程度で良いが、客観的な証拠（事実）について記録すること。

(6) クロージングミーティング

オープニングミーティング同様、認証審査の真似はやらなくてよい。責任者を含めて、検出した事項について事実に基づき説明し同意を得ることが大事である。指摘の内容は文書化して責任者の署名をもらうこと。指摘の書き方については後述する。

▶現場指向の内部監査（現場というのは製造現場だけのことでなく、プロセスが実行されている事務所なども含む）

- 有意な事例を検証できるように、あらかじめサンプリングする対象（工程、作業）を決めておき、効果的な監査スケジュール（詳細計画）を策定する。
- 文書・記録主体でなく、また手順への適合性だけでなく、実際の業務、作業を観察し要員へのインタビュー等も含めて多面的に状況を観察し、プロセスの実施状況及びその結果（アウトプット）に焦点を当てる。
- "検証"の意味は客観的事実を確認することであり、対象の現場、現物、現実にアクセスしなければリスクの検出はできない。
- 当事者へのインタビュー、作業の確認は検証である。
- 監査の結果として得られる事実は"監査証拠"となる。（客観的証拠とも云う）
- 監査証拠はチェックリストに記録されると、報告書作成及び次の監査のための有効な情報となる。
- あるべき姿（Plan）との差異、乖離を的確に掴むことがポイントである。

コラム

海外生産拠点に対する内部監査の重要性

サプライチェーンのグローバル化に伴い、海外生産拠点のQMS活動の検証は内部監査に加えるべき重要なポイントである。もともと、日本の自動車の品質はメーカー系部品会社の現場品質力及び協力貢献に支えられている部分が非常に多かった。ところが自動車生産のグローバル化にともない、品質監視機能の目が十分に届かない海外生産拠点が増えてきた。特に現場の品質管理のレベルにおいては自動車生産の歴史が少ない新興国、また合弁などで生い立ちが違う従業員がいるところはなおさらに課題が多い。

海外拠点に対する内部監査は、海外拠点の機能が自立できるまでは日本からの内部監査チーム

> による支援が必要であろう。そのための教育・訓練をはじめとする支援コストなど、現地化できるまでの課題は多い。国内生産より海外生産が多くなってきた昨今では、もし製品欠陥があった場合のリスクを考えると、極めて重要な課題と認識しなければならない。
> 　現地でIATFの認証を取得する場合において、力量を持った審査員のいる審査機関を選定することにより、プロの目で定期的に検証してもらうことも1つの方法である。内部監査においては海外拠点のQMS成熟度に合わせて、プロセスアプローチ型の内部監査に進化させてゆくことが有効である。

4.11 内部監査のテクニック

(1) サンプリング

監査では、所詮すべては見られない。代表事例に基づきパフォーマンスを評価するためには適切な事例をサンプリングする必要がある。

サンプリングには、知識と経験も重要であり、仮説を立てることが効果的である。事前に調査したプロセスに関する情報から、そのプロセス活動の弱点、課題などを見つけて監査でアクセスする部分に予め狙いをつけるのである。準備段階におけるプロセスのチェックリスト作成時にサンプリングする記録類や現場（インタビュー含む）を特定しておくと効率的である。

実施中の案件や活動及び／またはすでに完了した案件や活動をサンプリングの対象として、記録のトレース（追跡）、作業現場、現物（製品、作業帳票、報告者など）の検証を行う。

以下がサンプリングの要件である。

① 監査するプロセスを代表できるものであること。
② プロセス内の個々の業務・作業・活動でトレースできるもの。
③ できるだけ重要案件・活動を優先的に選ぶ。
④ 以前、問題があったもの。
⑤ 最近時点のもの。
⑥ 複数の場合は、(できれば3件位サンプリングしたい)、類似ケースでなく、極力違うケースから選定する。
⑦ もし、懸念がある業務・作業・活動がわかっていれば、必ずサンプリングすること。

(2) T型アプローチ

サンプリングによる検証の結果、問題あるいは疑問が検出された場合に、この方法を使うとリスクの検出に大変有効である。

「T型アプローチ」の呼び名は、横への拡がり及び縦方向への掘り下げからTの字形になるので、著者が独自に名付けたものである（図4.10）。

この手法は、

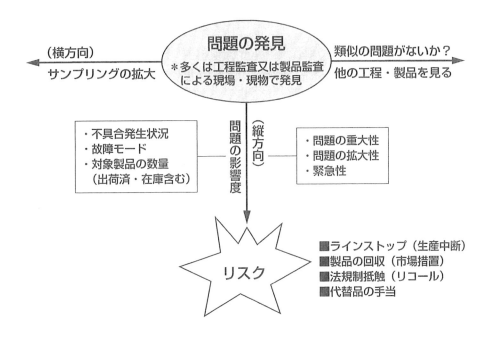

図 4.10　品質リスク予防 T-型アプローチ

- 横軸は、単発の問題か、プロセス全体の問題かを判定する
- 縦軸では、問題の影響度（重大性）を判定する

(3) 問題を検出するテクニック

　問題は後工程で顕在化するという原則を認識すれば、監査は最終工程から溯ってトレース（追跡）していくのが効率的である。典型的な例でいえば顧客クレームである。顧客クレームの受付を始点として、工程を溯ってアウトプット→インプットとプロセスを検証して行くことで問題のあるプロセスの検出が容易になる。

　サンプリングテクニック及びトレーステクニックを活用すれば、問題発生の源流を突きとめやすい。逆に、フローに沿って上流からトレースすると仕事の流れがよくわかるので、プロセスの理解や新人監査員教育などに活用するとよい。

4.12　有効な指摘

(1) 指摘事項のグレード

　多くの組織は、認証機関と同じ指摘グレードを定めている。すなわち「重大な不適合」、「軽微な不適合」、「観察事項」、「改善事項」などであるが、内部監査においてはこれらの呼称とその定義は組織が決めればよい。

第4章　内部監査と第2者監査

　この中で「不適合」という呼称が有効な内部監査を妨害している可能性も多少あると思っている。もし、そうでない組織であれば、これから先の本項を読む必要はない。

　「不適合」と指摘された場合、不適合を出された部署は片身の狭い思いをしていないか？　罪悪感、劣等感を持たないだろうか？　そして、被監査側としては極力「不適合」を貰わないように抵抗してはいないか？　指摘する、しないで内部監査チームと被監査側が衝突していないか？　逆に内部監査チームが折れて「不適合」を「観察事項」や「改善事項」に格下げしていることはないか？

　もし、そのような事があったとしたら有効な内部監査は期待できない。検出した問題点は改善のための宝と認識すべきである。

　そこで提案であるが、この悪しき呼び方を次のようにしたら感じ方が変わらないだろうか？

「行動A」；重大な不適合相当で、結果が製品欠陥、顧客の信頼を失う恐れがあるような内容で最優先に対策（是正処置）が必要。

「行動B」；軽微な不適合相当で、単発的な問題（例えば、不注意が原因のような）でAではないレベルであるが対応が必要。

「行動C」；問題は発生していないがグレーゾーンであり、改善対策が必要な項目、何らかのアクションが必要。

「行動D」；パフォーマンス向上のために工夫、改善が推奨される項目、水平展開を含め改善の機会の内容。

　「行動」の文字を付けたのは、この監査アウトプット（指摘）がアクションのインプットとなること、すなわち行動（アクション）を主体としてとらえればポジティブ思考になるのである。前述の問題が懸念される組織においては一考されたらどうだろうか。

　特に「行動A」の場合、製品の安全欠陥、リコールリスク、法規制抵触のリスクが大きいものは別格として「行動S」とするのもよい。また、監査結果の帳票に「想定されるリスク」という欄を設けて最優先で対応すべき根拠を入れると優先度が容易にわかる。

　ここで提案した方法が有効に機能するための不可欠な要素として、内部監査員の力量がある。内部監査員は発見した表面事象のみで指摘するのではなく、プロセスの結果系を検証し発見事象に至ったリスクを想定する能力が必要なのである。

IATF16949の不適合グレード定義

▶重大な不適合（Major NC）は以下の1つ以上である。
- IATF16949要求事項を満たすためのシステムの欠如、または総合的機能不全。1つの要求事項に対する軽微な不適合が多く存在する場合、システムの総合的機能不全となることがあり、その場合は重大な不適合とみなされる。

- 不適合品が出荷される可能性のある不適合。製品またはサービスの意図された目的に対して、これを満たせないか、あるいはその有効性を大いに減少させるような状況。
- 判断力や経験から指摘される不適合で、品質マネジメントシステムの失敗となるようなもの。あるいは、管理されたプロセス及び製品を確実にする能力を大いに減少させるようなもの。

▶軽微な不適合（Minor NC）

判断力や経験から指摘されるIATF16949への適合の失敗であり、品質マネジメントシステムの失敗となるようなものではない。あるいは、管理されたプロセスまたは製品を確実にする能力を大いに減少させるものではないもの。次のようなものがある。
- IATF16949に関する組織の品質マネジメントシステムのある部分での失敗。
- その組織の品質マネジメントシステムの1項目に対して観察された単独の順守違反。

(2) 有効な指摘の書き方

指摘は誰が読んでも同じ理解ができるように書く事が大事である。

事実を客観的に、簡潔、明瞭に書く視点から、主観的な用語は避けなければならない。（主観的用語とは、…と思う、考えるなど）、それと不必要な修飾語は使わないこと。

ここに良くない事例を2つ挙げ、なぜ良くないか、及び的確な是正処置を導くため、どのようなアプローチが必要なのかのケーススタディをしてみよう。

▶事例1　指摘；「工程＊＊で作業者が作業手順を守っていなかった」

なぜ、これが良くないのか？　これでは原因分析をして的確な是正処置を行うための情報が不足していること、及びその結果起こるかも知れないリスクを予測する手がかりが全くわからない。

▷適切な記入例：「重要工程（特殊特性）である＊＊ナット締め付け作業工程において、検証した工程作業者3名のうち1名がトルク確認の手順で定められたダブルチェックを行っていなかった」

5W1Hの考え方で観察した事実を明確に書くということが大事だが、内部監査員は最低限、更に次のような疑問を持たなければならない。

① なぜ、この手順が守られなかったのか？→　作業者が手順を守れない原因は何か？
　― 作業者に対する教育・訓練　→　製品に生じるリスクが認識されているか？
　― 作業の環境設備が不適切　→　作業しにくい、作業手順と実作業とのマッチングは？
　― 適切な監視がされていない　→　監視の基準は決まっているか？
② 作業手順が守られなかった結果はどうなっているのか？→製品に問題は発生していない

か？（これが最も重要）
— その結果としての品質リスクは？→製品に対する遡及処置の必要性など（リスクの予測）。

指摘に対する調査、原因分析は被監査部門の責務であり、内部監査員はそれに対する是正処置、改善処置の評価までが役割であるが、内部監査や第2者監査では、上記②のように、プロセスの結果が与えるかも知れないリスクまでを考えて行動することが第3者認証審査と違う部分である。

> ▶事例2　指摘；「校正期限をすぎた測定器具（マイクロメーター）が、使用されていた」
>   これも事例1と同様に、この事象に対するリスクを予測するための情報が不足している。
>
> ▷適切な記入例：「＊＊工程の検査で使用されている10個のマイクロメーターのうち3個が校正期限3ヶ月をオーバーしていた」

この事象に対する疑問は事例1と同様であるが、特に注目すべき点は、
- 校正期限オーバーだけで、校正外れはなかったのか？→　校正外れがあった場合、基準外の製品が流失しているおそれがある。
  このような事実が発見された場合は、即時にアクションが必要である。
- 校正の外れ程度の検証
- 外れていた場合は、それで影響を受ける製品についてリスク評価、最悪は市場措置
  IATF16949の7.1.5.2.1 校正/検証の記録　では、校正外れ、又は故障が発見された場合、この検査測定及び試験設備によって得られた以前の測定結果の妥当性に関する文書化した情報を保持についても規定している。

指摘書には事実を具体的に書き、是正処置を進めるために何をすべきかとリスクの想定ができるような文書化が重要である。そのためには以下を推奨する。
- 指摘書には、事象に応じて「想定されるリスク」を記入する。
- 指摘を受けた部門が、行うべき事項を特定する。

なお、内部監査での指摘の記述を更にレベルアップするためには下記を参考にすると良い。IATF16949認証ルールを規定している「IATFルール第5版」の5.9項には、不適合を記述する際には、以下の3つのポイントを含めることが要求されている。

1. 不適合の表明
2. 規格要求事項（CSRを含む）
3. 客観的証拠（ここには不適合をメジャー、マイナーと分類した理由を含む）

IATF16949での内部監査は、自らのプロセスやマネジメントシステムの「有効性」をプロセスアプローチ監査手法により評価するものであり、その結果として提示される指摘事項は次のように記述されることになる。

1. xxプロセス（またはxxの仕組み）は有効でない。
2. IATF規格要求事項　x.x.x
3. 客観的証拠　xxにおいて、xxの手順が守られていなかった。等

このIATFルール5.9項の要求事項を満たすことを意識して、先ほどの指摘事項の事例を振り返って見ると、事例1では、

```
不適合の表明：　特殊特性の工程管理の仕組みが有効でない。
規格要求事項：　8.5.1.2 標準作業—作業指示書
客観的証拠：　ナット締め作業工程において3名のうち1名が手順どおりの
　　　　　　　ダブルチェックを実施していなかった。
```

という指摘文書の記述が期待される。

このような指摘文書にすれば、内部監査で指摘を受けた部署（プロセスオーナー）が、自らが管理する作業指示書の「運用面のリスク」が明確になり、指摘を受けた部門（プロセス）が行うべき修正および是正処置の内容が明確になる。

つまり、指摘書（内部監査員が発行するCAR・是正処置依頼書）にはシステムの弱点（有効でない所）を明確にした「不適合の表明」が非常に重要であり、それを裏付ける具体的な根拠が「現場監査で見つけた客観的証拠」ということになる。

4.13　暫定処置（封じ込め）、是正処置及びフォローアップ

組織の内部監査が、本当に有効なものかどうかを見極めるには、是正処置がどのように実行されたかを見ることでわかる。

何でも、かんでも是正処置要求を出し、それに対する被監査側の是正処置も、原因の分析や追及がなく、直接原因だけに対する修正処置となっていることが少なくない。例えば、"手順書が守られていなかった"という不適合指摘に対して、"作業者を指導した（または教育した）"という回答でクローズしてしまっているケースなどは典型的なものである（ちなみに、IATFルールでは、"作業者を指導した（または再教育した）"、はIATF16949審査で検出され

た不適合に対する是正処置の「回答」として認められていない！　不適合に対する是正処置は、あくまで「システムの問題」として対処することが期待されている）。

　是正処置が求めている活動は、なぜこの不適合が発生したのか？　手順が守られなかったということは、手順が作業者にとって難しいのか？（もしかしたら、手順そのものが妥当でないかも知れない）それとも、単なる作業者のミス？　しかしなぜ、ミスが発生するのか？　ミスを発生させる原因は何なのか？　というように"なぜ""なぜ"問答で根本原因を特定し再発防止を図ることである。是正処置で再発防止策が決定されるまで、必要に応じて応急処置により問題の封じ込めを行うことも必要である。

　多くの場合、原因は1つではなく、種々の要因が影響しているものであり、真の是正処置は骨の折れる活動であり、リスクとのバランスで絶対に再発させてはならない不適合に対して、徹底的に実施するものであることを認識することである。

　また、被監査側も是正処置要求は重く受け止め、現場、現物ベースで原因の分析を行い、対策の決定、実施、そして、その後の効果の確認を行うことが必要である。内部監査チームが行う是正処置に対する効果検証をフォローアップと呼び現場監査活動の最終部分である。

　不適合以外に「観察事項」や「改善の機会」というカテゴリーの指摘があるが、これは不適合に限りなく近いものから本来の改善目的のものまでそのカバーレンジが広い。内部監査でも、第3者認証審査でも、事象からリスクの高い内容にもかかわらず甘い指摘（ソフトグレーディングという）がされていることがあるが、これでは内部監査の意味がない。監査員の力量はリスクを想定でき、プロセスの改善に寄与する適確なアウトプットをすることである。

4.14　品質リスク予防の内部監査アプローチ

(1) 内部監査の実戦シミュレーション

　本書が提唱する内部監査手法を用いて安全欠陥となるような潜在リスクを検出する内部監査のシミュレーションである。（全てのリコールは市場クレームから始まる）

① 監査プログラムは「クレーム処理プロセス監査」。監査目的は製品安全の潜在リスク検出で製品実現プロセスを遡り検証する。
② 監査チームは、製品設計、製造工程、検査、品質保証に力量を有するメンバーが選定される。
③ 監査対象とする部品を特定する。重要な部品で以前に問題があった部品、顧客苦情や損失費の多い部品など、クリティカルなものを選定する。（サンプリング手法参照）
④ クレーム処理プロセスについて、タートル図（図4.11参照）を作成する。問題発生の入口プロセス（クレーム受付から問題調査解析）の初動は極めて重要である。
⑤ 監査チームは、次の項目をレビューし、その結果をインプット項目としてプロセス

4.14 品質リスク予防の内部監査アプローチ

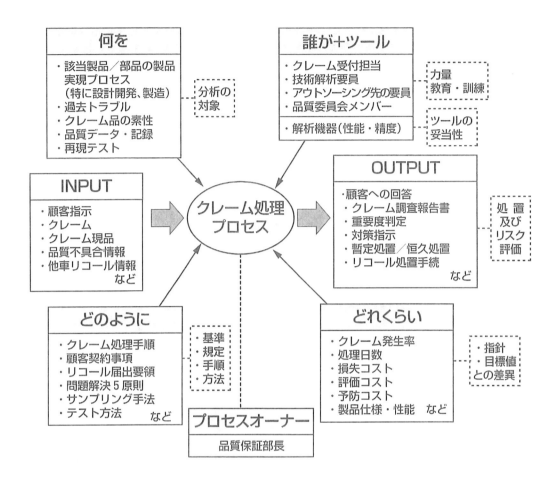

図4.11 クレーム処理プロセスのタートル図

チェックリストを作成する。
— サンプリングした製品及び類似製品の過去品質トラブルについて調査する。
— 製品実現プロセスに係わる組織のシステム文書・手順をレビューする。(特に、設計・開発、製造工程に焦点)
— 当該部品に対するクレーム処理結果（受付—重要度判定—対応決定—顧客通知のプロセス）、設計レビュー結果（レビューに提供された技術資料、レビューの議事録—特にどのような指摘がされていたか、及びそれに対してどのように解決されていたかが極めて重要である。もしリコール疑惑で当局から資料提出が求められた場合、懸案事項が解決している証拠がないとことごとく不利になる）、製造品質データ（受入検査記録、ロット検査記録、工程管理チャート、最終検査記録など）を調査する。
—最近時の監査結果（内部監査、顧客による第二者監査、認証審査）をレビューする。
⑥ 監査チームがプロセスチェック項目を設定したら、どこで、何を、どのように検証する

かという観点で「監査スケジュール」を作成する。
⑦ 監査は、前述のプロセスアプローチ型監査の4.9～4.11を参考にしてチェックリストを活用して監査を行う。
⑧ COP（顧客志向プロセス）である製品実現プロセスのサブプロセス（設計、製造とか）のアウトプットに影響を及ぼすと考えられる支援プロセスとの相互作用も検証する。例えば、当該製品実現プロセスに係わる要員の力量、計測器管理、データ分析などのプロセスである。

(2)「クレーム処理プロセス」の検証における観点

上記の中の「クレーム処理プロセス」に対する監査は、図4.12「クレーム処理プロセスフロー」を追いながら図4.11のタートル分析と対比させ、以下のような観点でプロセスチェックリストを作成する。

---

① 顧客の訴え事象、重要度が正しく判断されているか。
② クレーム処理のプロセスで、時系列で見て、ロスタイムはないか。
③ 応急処置（封じ込め、暫定処置）は適切にとられたか。
④ 源流部門を含め原因の究明が適切に実施され、原因が特定されたか。
⑤ 原因除去が行われたか、または行われることになっているか。
⑥ 品質会議などの組織的活動にタイミングを失うことなくつなげているか。
⑦ 顧客への報告が実施されているか。
⑧ 法規制が適用されている場合（リコールなど）、適切な手続きが実施されているか。
⑨ 再発防止策は実施に先立ち評価されているか。
⑩ 再発防止策の実施と効果の確認は。
⑪ 手順書などへの反映はされているか。
⑫ 要員に関連して認識、教育・訓練が実施されているか。
⑬ 水平展開、予防処置のために、記録が利用できるようになっているか。
⑭ 類似の問題発生はないか。
⑮ その後の発生はないか。
⑯ 顧客苦情の管理部門（品質保証部など）へ報告書やデータが提供されているか。
⑰ クレーム処理の損失費が明確になっているか。
⑱ クレームデータの分析（顧客別、製品不具合事象、プロセス、損失コスト……）が適切に実施されているか。
⑲ マネジメントレビューのインプットになっているか。

このような監査により、最終的な問題の特定までには至らなくても、課題がありそうなプロ

4.14 品質リスク予防の内部監査アプローチ

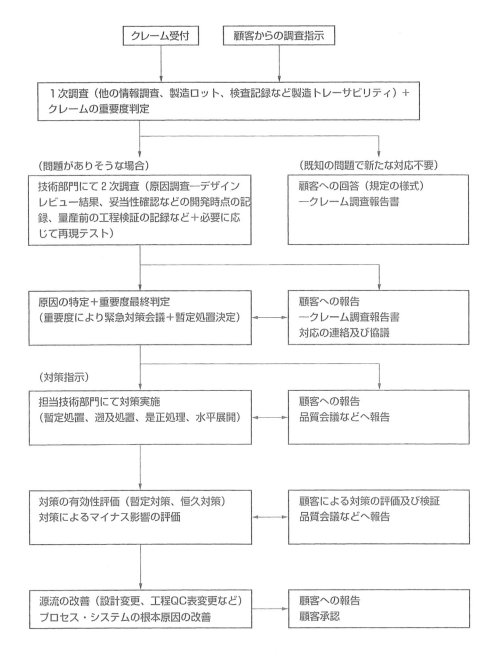

図 4.12 クレーム処理プロセスフロー

セスと"これはおかしいのでは？"という部分位はあぶりだせる。

　監査チームはリスクの検出機能を担っており、"問題のある、またはありそうな部分"に対してそのプロセスの責任部門が内部監査チームのアウトプットに基づいてさらに詰めることが可能になるのである。

(3) 現場と現物を見ることが基本

IATF16949では、システム監査だけでなく、製造工程監査及び製品監査を実施することになっているので監査員は自らの目で現場、現物を確認することが監査の大原則である。特に「品質リスク予防の内部監査」では、製造工程監査及び製品監査なしで内部監査は成り立たない。

4.15 内部監査プログラムの有効性

内部監査が終了したら、その有効性を検証するとよい。計画（内部監査プログラム）に対する結果（有効性、効率、成果）を評価し、特にリスクの検出、プロセス改善の機会の提供にどのようなアウトプットが出されたかをレビューし「内部監査プロセス」の更なる改善を目指してPDCAを回すのである。

究極的な内部監査とは、あらゆるリスクを検出するための最も有効な活動機能でなければならない。

4.16 マネジメントレビュー

認証審査において多くの組織のマネジメントレビューの実態を見てきた。年1回か2回の形式的なマネジメントレビューの記録を作っているだけで、ほとんど認証の維持以外に価値がないようなものが少なくない。

「マネジメントレビュー」は経営者が自らの組織のパフォーマンス（マネジメントレビューのインプット）を評価し、経営者として必要な決定（マネジメントレビューのアウトプット）を行うことである。

一般的な会社組織では、定期的かつ不定期に幹部会議とか、品質会議のような会議体を運営し、事業運営のための「評価─判断」の意思決定プロセス（Decision making process）を実行している。このような会議体こそが日常的マネジメントレビューに該当する。半年ごと、または年次で行う経営会議体は、それぞれの期間における総括のマネジメントレビューということである。

週、月、4半期、半期、年という、それぞれの期間で行う経営者としての「評価─判断─決定」はマネジメントレビューのアウトプットであり、これが繰り返されることで組織の事業マネジメントのPDCAが回るのである。これらの会議体（上記の幹部会議とか、品質会議など）を実施しているのであれば、これらの会議体の議事にあがった事項（マネジメントレビューのインプット要求事項をカバーする項目）をレビューした結果の記録が認証審査で示されれば、認証審査のための記録をわざわざ作成する必要はない。

4.16 マネジメントレビュー

　年次のマネジメントレビューであれば、直近1年間に対する総括的なレビューに基づき次年度の方針、目標が導かれるマネジメントレビューからのアウトプットにすればよいのである。ISO9001及びIATF16949のマネジメントレビューについては第3章にて解説されている。

▷ **著者からのアドバイス**

> 　内部監査結果はマネジメントレビューの不可欠項目であり、経営者が内部監査からのアウトプットに信頼をおいて経営判断ができるよう、内部監査実施・報告側は質の高いアウトプットを提供しなければならない。そのためには、本章で言及した内部監査の実行が有効である。
> 　事業プロセスと一体化したQMSに対しても経営陣が期待するアウトプットがだせることを期待する。

第5章

IATF16949の認証制度

	おすすめ度		
経営層	管理責任者/プロセスオーナー	内部監査員/品質要員	新規参入企業
☆☆☆	★★★	★★★	★★★

この章では、自動車セクター規格IATF16949の認証枠組みと特徴を紹介し、IATF16949認証の取得を検討する企業組織への参考情報を提供する。

5.1 IATF16949認証制度の特徴

IATF16949の発行元は、ISOではなくIATF（International Automotive Task Force…国際自動車タスクフォース）である。

IATFのメンバーは、協賛自動車メーカー（OEM））9社：

> BMWグループ、FCA US LLC、ダイムラーAG、FCAイタリアSpa、Ford Motor、General Motors、PSAグループ、ルノー、及びフォルクスワーゲンAG、

並びに、以下の5ヵ国の自動車工業団体：

> AIAG／USA、FIEV／France、ANFIA／Italy、SMMT／UK、VDA／Germany

である。IATF16949認証制度は、このIATFのメンバー（9社＋5団体）が運営管理を行っており、IAF[*1]が運営管理するISO9001の認証制度とは全く異なっている（これらの関係を図5.1に示す）。

IATF16949の認証制度がISO9001の認証制度とは全く独立した形になっている理由としては、過去のQS-9000認証制度での失敗経験が根底にある。自動車セクター規格をISO認証制度の下で運営すると審査のレベル低下が危惧されることや、適合レベルにない組織が認証登録され

[*1] IAF（International Accreditation Forum 国際認定機関フォーラム）：マネジメントシステム審査登録機関、製品認証機関、要員認証機関を認定する機関の国際組織で、認定機関間の技術レベルの整合や相互承認の締結を目指して活動している。日本からはJAB及びJASC（JIS製品認定）がメンバーとなっている。

第5章 IATF16949の認証制度

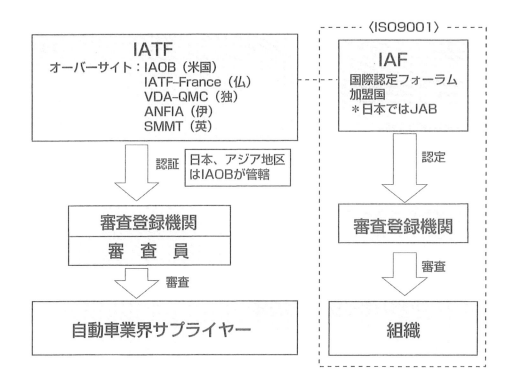

図5.1 IATF16949 運営体制

てしまうリスクを回避するためには、自動車業界として直接管理できる体制が望ましいとの考え方による。

ただ、日本の自動車メーカーや自動車工業会はIATFのメンバーとはなっていないので、ISO／TS16949（後継規格IATF16949）の運営に全くかかわれない。当然ながら日本の自動車メーカーは、系列のサプライヤーにISO／TS16949認証を要求することはなかったので、日本ではISO／TS16949の認証件数がそれほど増えていない等の影響が出ている。

IATF16949：2016は、ISO9001：2015年版をベースに自動車業界サプライチェーンとしての要求事項を詳細に加えた内容となっている。さらに、実際の審査ではIATF16949：2016の内容に加え、受審組織が自動車顧客として特定した顧客の品質マネジメントシステム要求事項（これをCSR：顧客固有要求事項と呼ぶ）の内容が審査基準に付加される（図5.2）。

後述するIATFルールでは、現地審査においてIATFメンバーの自動車会社9社のCSR：顧客固有要求事項を優先させることや、3年間の認証期間の間に計画的にCSRの運用を確実に現地審査で検証することなどを審査機関に求めている。つまりIATF16949：2016の審査は、特定の自動車顧客のニーズと期待を徹底的に現地審査の中で検証する、いわば第2者監査に非常に近いものとなっている。

図 5.2　IATF16949：2016　要求事項の構成

5.2　IATF16949 の認証審査について

(1) IATF 認証取得ルール

　IATF から「IATF 認証取得ルール第 5 版」が 2016 年 11 月に発行されている。これは IATF16949 の認証機関（審査会社）に対する要求事項が主体であるが、受審組織に関係する部分も詳細に述べられている。また、IATF の公式ウエブサイト www.iatfglobaloversight.org は英語であるが、IATF16949 認証に関する最新情報を提供している。随時発行されるルール公式解釈（SI：Sanctioned Interpretation）は、認証における要求事項となるものである。その他、よくある質問（FAQ）及び認証機関公式声明（CB Communique）がある。

(2) IATF 審査の概要

　初回審査、サーベイランス（通常は 1 年ごと。組織の選択により 6 ヵ月ごとや 9 ヵ月ごともある）、及び 3 年後の再認証審査という形は ISO9001 認証制度と同じである。（図 5.3）

　審査に関しては、基本部分の ISO9001 に加え IATF16949 の固有要求事項及び自動車産業向け顧客として特定された顧客固有の品質マネジメントシステム要求事項が審査基準となる。

▶初回審査

　初回審査は、ISO9001 同様に 2 段階の審査が行われる。第 1 段階審査に先立ち、以下を提出すること。

- QMS プロセスマップ、プロセスの相互関係、アウトソースしたプロセスの特定
- 直近 12ヶ月間の重要指標及びパフォーマンスの傾向

第5章 IATF16949の認証制度

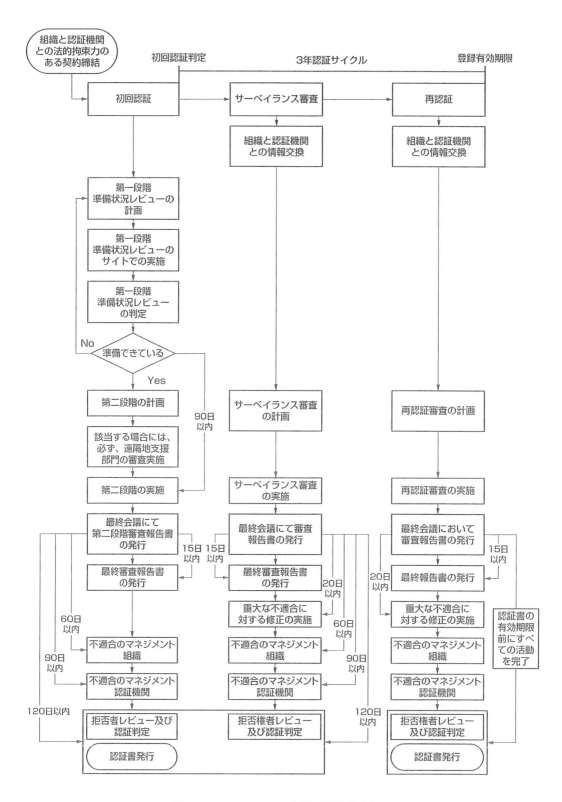

図 5.3　IATF16949 の 3 年間の認証サイクル

- プロセスがIATF16949の全要求事項に対応しているという証拠
- 品質マニュアル、遠隔地にある支援部門との相互作用を含む
- IATF16949に対する完全な1サイクル分の内部監査とマネジメントレビュー
- 資格認定された内部監査員のリスト及び資格認定基準
- 自動車産業の顧客リスト及びその顧客固有要求事項のリスト
- 顧客苦情の概要及び対応、スコアカード、並びに特別状態

第1段階審査では、第2段階審査(本審査)に移行できるかの判定を行う。基本的な問題がなければ90日以内に第2段階審査が開始される。

第2段階審査の終了後、審査機関は審査データをIATFデータベースに入力する。

▶サーベイランス(定期)、再認証(3年目)

これはISO9001同様であり、審査機関が決定した審査プログラムにより実施される。初回同様に結果はIATFデータベースに提供される。

▶移転審査

既にIATF16949認証を取得している組織が、他の審査機関に変更するときの審査である。これはIATF16949認証機関でないところでISO9001認証を取得している組織がIATF16949を取得したいときにも活用できる。IAFで定めている「IAF MD2:2007—認定されたマネジメントシステム認証の移転」という制度が基本であるが、その他に以下のIATF16949固有の要件がある。

- 直近3年間に他のIATF承認審査機関からの移行をしていないこと
- 新規の審査機関は、審査員が外部契約審査員である場合、以前に当該組織を審査していないこと
- 移転審査は、再認証審査と同等の審査工数で行うこと

▶審査工数

審査工数は、組織の従業員数を基準に審査工数(審査の人・日)の算定基準を定めている。IATF16949の審査工数は、ISOの「IAF MD5:2015—QMS及びEMS審査の工数」より多い。詳細は「IATF認証ルール第5版」の表5.2及び付属書2で審査工数事例が提供されている。シングルサイトの組織のほか、拡張サイトを持つ製造サイトや複数のサイトがあるコーポレート・スキームなどに関して細かい基準が用意されている。ISO審査と異なり一日の審査時間は正味8時間とすること、開始会議前に少なくとも1時間の審査準備状況確認(Readiness Review on-Site)がIATF認証ルールで要求されていること、更には前回審査でマイナー不適合があった場合には是正処置の有効性確認のための審査時間を8時間の審査の外数で実施することが求められていることなど、非常に厳しいルールの下で審査計画が立案されることにな

る。

(3) IATF16949 への移行要領

現在、既に ISO／TS16949：2009 認証を取得済みの組織においては、IATF ウエブサイトで公開されている IATF16949 への移行要領（Transition Strategy：ISO／TS16949 toIATF16949）に沿って実施されるので、まずその概要を説明したい。

ISO／TS16949：2009 のベースとなっている ISO9001：2008 が 2018 年 9 月 14 日をもって無効となるので、ISO／TS16949：2009 で認証を受けている組織はこの日付までに移行審査の手続きを全て済ませる必要がある。IATF では移行審査の開始を 2017 年 4 月頃と考えており、2018 年 4 月中旬頃までの約 1 年の間に移行審査の現地審査を終了させることを目指している。

2017 年 10 月 1 日以降は、全て IATF16949 での審査となり、ISO／TS16949：2009 での審査は受けられなくなる。具体的な移行審査日程は、貴組織の ISO／TS16949：2009 認証審査を行っている審査会社と相談して決めることになる。移行審査のタイミングで審査会社を変更することは出来ない。また、IATF16949 の予備審査やギャップ分析サービスを審査会社から受けることは許されていない。

IATF16949 への移行審査を受審出来る条件は、次の通り。

1) IATF16949 に適合した品質マニュアルの作成
2) IATF16949 を理解する内部監査員の任命
3) 上記内部監査員により IATF16949 の要求事項に基づき、全システム監査を実施。工程監査・製品監査については 3 年間の計画に基づく全ての製造工程プロセス、全てのシフトの監査を実施（3 年間の計画が必要）
4) 上記の内部監査結果を含む、IATF16949 の要求事項の基づいたマネジメントレビューの実施
5) IATF ルール第 5 版要求事項への適合

IATF16949 移行審査は、更新審査工数によるフルシステム審査として実施される。移行完了すれば 3 年間有効な IATF16949 登録証が発行される。また移行後の認証サイクルの基準日は移行審査最終日となる。

5.3　IATF16949 審査の焦点

IATF ルール第 5 版の内容は、殆どが IATF16949 の認証審査をおこなう審査機関に対する要求事項であるが、その中には受審組織が知っておくべき内容（知っておいたほうが審査準備や現地審査対応がスムーズになる）があるので、下記で紹介したい。

まずは、通常の ISO 審査とは大きく異なることを受審組織としても十分に認識しておくことが重要である。IATF16949 では、規格要求事項の文章で登場する「顧客」は自動車メーカー

であり、現地審査では受審組織が特定した自動車顧客のCSRも含めた審査が行われる。重要なのは製品の品質と納期を守ることであり、現地審査の開始会議の前に、少なくとも一時間を掛けて自動車メーカー向け製品の品質と納期の直近の実績が確認される。その上で、品質パフォーマンスに問題がある場合は「審査計画を変更」し、現地審査において起こっている品質問題を深堀りすることがIATFルールで求められている。

また、IATFルール第5版の5.8項には、「現地審査活動の実行」としてa）〜r）までの18項目に亘る詳細な審査焦点が書かれている。下記に現地審査活動の実行（抜粋）を示す。受審側としてもIATF16949審査員はこれらの審査焦点を意識した自動車業界プロセスアプローチ審査を展開するので、それに向けた準備をする必要がある。（筆者注記：もしIATF16949審査員が現地審査活動で5.8項に沿った審査焦点を見過ごすと、IATF監督機関（IAOBやVDAなど）による立会い審査において審査機関がメジャー不適合を受けることになる）

審査でよくある指摘として、工程FMEAが効果的に運用されていないという事例が良く見られる。工程FMEAを実施した記録は確認できるが、例えば顧客提出用として作成しただけでRPNの高い故障モードに対する改善活動が進展していないとIATFルール5.8項のo）やp）への適合が不足していると判断され、マイナー不適合やメジャー不適合が発行されることになる。

また、主要な顧客が設定した品質・納期目標に対して受審組織のパフォーマンスが大幅未達成であった場合には、受審組織が対応計画を立案しているか？対応計画がタイムリーに実施されているか？等々を現地審査で確認し、問題がある場合にはメジャー不適合を発行することがIATFルール5.8項のh）として審査チームに求められている。

このように、IATF1694審査は厳格化の一途をたどっており、厳選された優良自動車サプライヤーだけを認証すべきであるとのIATFの強い意思が感じられる。

現地審査活動の実行〔抜粋〕

- 方針に対する経営層の責任
- 有効性及び処置に対するマネジメントレビューの結果
- 方針、パフォーマンス目標及びターゲット、責任、要員の力量、運用、手順書、パフォーマンスデータ、内部監査の所見及び結論、並びに依頼者の組織又はマネジメントの変更の間のつながり
- プロセスベースの内部監査及び実施した是正処置の有効性の分析
- 前回の審査以降の是正処置の有効性
- 顧客苦情及び依頼者の対応。これには、適用されるIATF OEM顧客自動車メーカーのパフォーマンス報告書（スコアカード、特別状態）のレビューを含む。
- 主要な顧客の目標／ターゲットが未達成のときに取り組むための処置計画が立案実施されていない場合、その計画が適時に実施されていなく、及び／又は完了した処置が効果的に実施

- されていない場合、重大な不適合が発行される。
- 前回の審査以降の新しい顧客の要求事項の実施
- 顧客固有要求事項の収集、伝達、及び実施のための依頼者のプロセス。IATF OEM 自動車メーカーに優先権を与えなければならない。
- 顧客固有要求事項に関する情報及び証拠、これには審査される顧客固有品質マネジメントシステム要求事項を含める。顧客固有要求事項は、3年の審査サイクルの中で、効果的に実施されていることをサンプリング調査し、及び審査された要求事項の固有の記録を保管すること。IATF OEM 自動車メーカーが発行する顧客固有要求事項に対して優先権を与えること。
- 顧客に直接影響のあるプロセスに焦点を当てた、依頼者のプロセス、順序及び相互作用、並びに定められた指標に対するパフォーマンス。プロセスは、それが行なわれる場所で審査される。
- 依頼者のプロセスの運用管理
- 製造の行われている全てのシフトを審査する。これには、シフト引継ぎ業務の適切なサンプリングを含める。第二段階、再認証、及び移転審査中に、全ての製造工程を、各シフトについて審査する。シフト又は工程のサンプリングは許されない。引続くサーベイランス審査サイクルでは、全ての製造工程を、各シフトについて審査する。
- 審査の筋道に沿って、顧客懸念事項、目標に対するパフォーマンス、及び関連プロセス文書（例：コントロールプラン、FMEA 等）の間のつながり
- 製造の審査中における、コントロールプラン、FMEA、及び関連する文書の効果的実施
- IATF16949 認証書に含まれている情報の正確性

第6章

品質コアツールの活用
（FMEA、SPC 他）

おすすめ度			
経営層	管理責任者 /プロセスオーナー	内部監査員 /品質要員	新規参入企業
☆☆☆	★☆☆	★★★	☆☆☆

この章では、自動車産業で品質コアツールと呼ばれ、設計・開発及び製造工程の品質管理において活用される測定・監視及び分析・評価のための技法について、その概要を解説する。特にFMEAは、リスクの評価ツールとして欠陥予防に活用されており、他の産業においても有効なツールである。

6.1 品質コアツールについて

自動車業界の品質コアツールについて、QS-9000では品質システム要求事項とパッケージ化された"リファレンスマニュアル"の各々に詳述されていた。TSになってからは、AIAG（Automotive Industry Action Group；米国 QS-9000の管理母体であった）から、「IATF/AIAGマニュアル」として部分的な改訂が加えられながら発行されている。

APQP（新製品品質計画）やPPAP（生産部品承認プロセス）のような仕組みに関するツールの他に、製品の信頼性を向上するための品質管理手法（品質管理ツール）があるが、これらは自動車業界のみならず広く製造業において活用されているものである。

これらは顧客自動車メーカーの基準、ルールに従うことになっているが、「IATF/AIAGマニュアル」は汎用的に活用できるものである。特に米国メーカーは、AIAGが監修していることもあり、ほとんどそのまま適用できる。

この章では、自動車業界で活用され、故障モード影響解析（FMEA）、代表的な統計的手法（SPC）及び測定解析（MSA）について概要を解説する。

余談であるが、FMEAは医療業界の医療リスク防止ツールとして米国においては広く利用されているが、日本では紹介されている程度で、まだ普及というところまでには至っていない。

わが国の医療の世界は他業種に比べ閉鎖的であり、製造業で開発された効果的な管理ツールを受け入れるという風土があまりないようである。以前、某大学病院の院長先生に面会し、ISOのQMSを紹介したが、先生いわく「製造業分際がつくったものなど、人の命を預かる我々の世界には通用しない」と、内容を説明する前に言われ、そのまま引き上げたことは忘れない。痛ましい医療ミスによる事故防止に対しても有効だと考えるのに残念であった。

6.2 故障モード影響解析 (FMEA：Failure Mode and Effect Analysis)

FMEAは、1960年代半ばから航空機産業の開発プロセスに採用され、その後自動車産業へと、この解析手法は一般化してきた。現在、自動車メーカーでは、製品設計及び工程プロセス設計で活用されている。特に、製品機能の安全欠陥予防に対しては大変有効なツールである。

それでは、リスク予防ツールとして、一般製造業にも大いに役立つFMEAの運用と評価について紹介しよう。

(1) FMEAの目的
- 設計及び工程の潜在的故障を予測、認識して評価する。
- 潜在的な故障が発生する可能性を除去するか、発生頻度を低くするか、検出能力を上げて発生のリスクを少なくする。
- プロセスを文書化（ワークシート化）して、対策までの一連の活動に使う。

(2) どのようなケースで行うのか
- 新設計、新技術、新プロセス
    FMEAの範囲：設計、技術、プロセスの全体とする。
- 現状の設計または工程の変更
    FMEAの範囲：設計、工程の変更点に焦点を合わせる。
    変更に関連して考えられる相互作用。市場での時間的経過にも注意。
- 現行の設計、工程ではあるが環境、場所、適用が変更
    （現行の設計、工程にはFMEAが実施されていることが前提である）
    FMEAの範囲：新たな環境、場所、適用などが設計や工程に及ぼす影響。

過去トラブルの記録の蓄積、類似製品で発生した不具合、他社製品で発生した不具合など予防処置のインプットになるような事象が多ければ多いほど有効である。

QCサークルなどで活用される「特性要因図」とFMEAの関連で見るとわかりやすい（図6.1）。

(3) いつ行うのか
潜在的な故障を対象にするので必ず事前に行う。製品設計においては、製品設計前の設計インプット項目になるように、また工程設計においては、同様に工程設計のインプット項目になるように行う。

6.2 故障モード影響解析

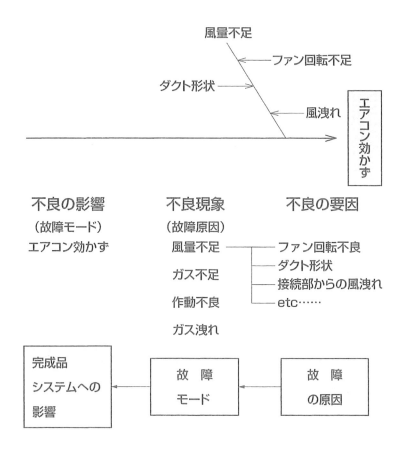

図 6.1 要因分析と FMEA の関連の一例

(4) 誰が行うのか

設計 FMEA（DFMEA）は製品設計部門を中心に、工程 FMEA（PFMEA）では、工程設計部門を中心に行うが、主観的な要素（ランク付け）があるので、知識と経験があるチーム（部門横断的チームのようなプロジェクトとして）で行う。

(5) 評価手順

図 6.2 に FMEA 解析の基本的な考え方を示す。

評価結果は、表 6.1 に示した FMEA ワークシートの例に従って文書化する。

(6) 評価基準

評価の基準は、重要度 S（Severity）、発生度 O（Occurrence）、検出度 D（Detection）の 3 要素をそれぞれ DFMEA 及び PFMEA の表に示す 10〜1 の基準定義でランク付けする（表 6.2 〜表 6.7）。FMEA の研修では、ランク付けを 5〜1 と教えているケースもあるが、自動車では 10 段階で、ここで示した、それぞれの表のランキングの定義は自動車業界の常識的な基準で

第6章 品質コアツールの活用

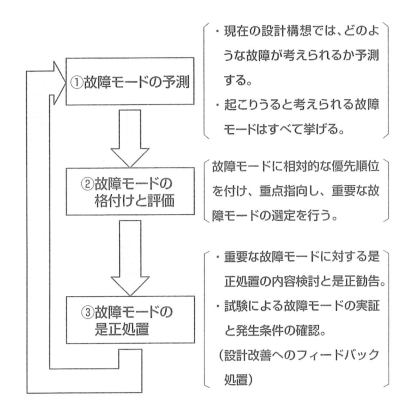

図 6.2　FMEA 解析の基本的な考え方

ある。(FMEA リファレンスマニュアル第 4 版より)

　このランク付け数値が最終評価の元になるので、チームメンバーによる主観性に多少影響されることを考慮しなければならない。

　このことは、次に述べる結果の評価 (RPN) に大きく影響するので客観性を持たせるため個人で行うのではなく、チームとして行うことが重要である。

1) DFMEA (設計 FMEA)
　　重要度 S (Severity) (表 6.2)
　　発生度 O (Occurrence) (表 6.3)
　　検出度 D (Detection) (表 6.4)
2) PFMEA (工程 FMEA)
　　重要度 S (Severity) (表 6.5)
　　発生度 O (Occurrence) (表 6.6)
　　検出度 D (Detection) (表 6.7)

6.2 故障モード影響解析

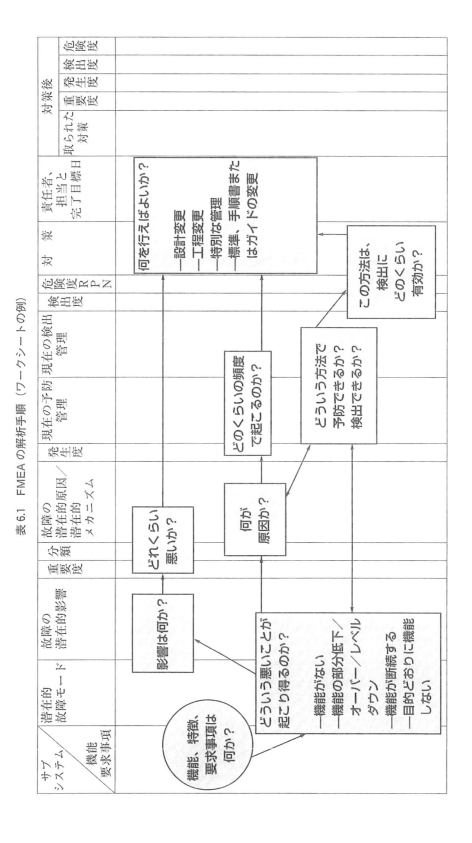

表 6.1 FMEA の解析手順（ワークシートの例）

表6.2 DFMEAの重要度（S）に推奨される評価基準

影響	基準：製品への影響の重大性（顧客への影響）	ランク
安全・法規制に対する欠陥	潜在的故障モードが、事前の兆候なしに車の安全な操作に影響を与えたり、法規制に対する違反をもたらしたりする。	10
	潜在的故障モードが、事前の兆候はあるものの、車の安全な操作に影響を与えたり、法規制に対する違反をもたらしたりする。	9
基本機能の喪失または低下	基本機能の喪失（車輌／機能が操作不能、安全な操作は影響しない）	8
	基本機能の低下（車輌／機能は操作可能。ただし、性能のレベルが低下する）	7
2次機能の喪失または低下	2次機能の喪失（車輌／機能は操作可能。快適／便利機能が操作不能となる）	6
	2次機能の低下（車輌／機能は操作可能。快適／便利機能の性能が低下する）	5
いらだたしい	外観と仕上げ／きしみと雑音が適合していない。ほとんどの顧客が気付く（75%を超える）	4
	外観と仕上げ／きしみと雑音が適合していない。多くの顧客が気付く（50%）	3
	外観と仕上げ／きしみと雑音が適合していない。特に細かい顧客（25%未満）が気付く	2
影響なし	気が付くような影響はない	1

表6.3 DFMEAの発生度（O）に推奨される評価基準

故障の可能性	基準：原因の発生（設計ライフ／項目・車両の信頼性）	故障発生率（項目／車両）	ランク
非常に高い	新機構／前例のない新設計	100以上／1000当たり 10のうち1以上	10
高い	新設計、新規採用、または基準サイクル／操業状態の変更により不可避な故障	50以上／1000当たり 20のうち1	9
	新設計、新規採用、または基準サイクル／操業状態の変更により起こりやすい故障	20以上／1000当たり 50のうち1	8
	新設計、新規採用、または基準サイクル／操業状態の変更により予測できない故障	10以上／1000当たり 100のうち1	7
中程度	類似の設計、または設計シミュレーション及びテストに関連したしばしば発生する故障	2以上／1000当たり 500のうち1	6
	類似の設計、または設計シミュレーション及びテストに関連した時々発生する故障	0.5以上／1000当たり 2,000のうち1	5
	類似の設計、または設計シミュレーション及びテストに関連した単発の故障	0.1以上／1000当たり 10,000のうち1	4

表6.3 DFMEAの発生度（O）に推奨される評価基準（続き）

故障の可能性	基準：原因の発生 （設計ライフ／項目・車両の信頼性）	故障発生率 （項目／車両）	ランク
低い	ほとんど同一設計、または同一設計シミュレーション及びテストに関連した限定的な故障	0.01以上／1000当たり 100,000のうち1	3
低い	ほとんど同一設計、または同一設計シミュレーション及びテストに関連した観察されない故障	0.001以下／1000当たり 1,000,000のうち1	2
非常に低い	故障は予防管理により回避される	故障は予防管理により回避される	1

表6.4 DFMEAの検出度（D）に推奨される評価基準

検出の機会	基準：設計管理による検出の可能性	ランク	検出度
検出の機会なし	現在の設計管理にない；検出不可能または解析不可能	10	ほとんど不可能
いずれの段階でも検出困難	設計の解析／検出管理では検出能力が弱い；コンピューター解析（CAE、FEAなど）が実際または所期の作動状態に相関性を持っていない。	9	非常にまれ
設計の凍結後、及び上市前	設計凍結後かつ上市前に合否テストにより製品の検証／妥当性確認（走行、ハンドリング、シッピング評価、他の許容基準に対するサブシステムまたはシステムのテスト）	8	まれ
設計の凍結後、及び上市前	設計凍結後かつ上市前に故障発生テストにより製品の検証／妥当性確認。（故障が起こるまで、システムの相互作用のテスト、その他のサブシステムまたはシステムのテスト）	7	非常に低い
設計の凍結後、及び上市前	設計凍結後かつ上市前に劣化テストにより製品の検証／妥当性確認（耐久テスト後の、機能チェックなどのサブシステムまたはシステムのテスト）	6	低い
設計の凍結の前	設計凍結までに合否テスト（性能の許容基準、機能チェック、その他）により製品の妥当性確認（信頼性テスト、開発または妥当性確認テスト）	5	中程度
設計の凍結の前	設計凍結までに故障発生テスト（洩れの発生、疲労破壊、クラック発生、その他）により製品の妥当性確認（信頼性テスト、開発または妥当性確認テスト）	4	やや高い
設計の凍結の前	設計凍結までに劣化テスト（データの傾向、前後の値、その他）により製品の妥当性確認（信頼性テスト、開発または妥当性確認テスト）	3	高い
コンピューター解析ー相関性がある	設計の解析／検出管理に強い検出能力がある、設計凍結前でコンピューター解析（CAE、FEAなど）が実際または所期の作動状態に高い相関性を持っている。	2	非常に高い
検出は適用不要；故障予防	故障原因または故障モードは、設計ソリューション（設計基準、ベストプラクティス、または共通材料、その他）を通して全面的に予防されているので起こらない。	1	ほぼ確実

第6章 品質コアツールの活用

表6.5 PFMEA 重要度 (S) に推奨される評価基準

影響	基準：製品への影響の重大性（顧客への影響）	ランク	影響	基準：影響の重大性
安全・法規制に対する欠陥	潜在的な故障モードが、事前の兆候なしに車の安全な操作に影響を与えたり、法規制に対する違反をもたらしたりする。	10	安全・法規制に対する欠陥	事前の兆候なく、機械や組立のオペレータに危険を及ぼすことがあり得る。
	潜在的な故障モードが、事前の兆候はあるものの、車の安全な操作に影響を与えたり、法規制に対する違反をもたらしたりする。	9		事故の兆候はあるにしても、機械や組立のオペレータに危険を及ぼすことがあり得る。
基本機能の喪失または低下	基本機能の喪失（車輌／機能が操作不能、安全な操作は影響しない）	8	重大なトラブル	製品を100％スクラップしなければならないこともある。ライン停止または出荷停止
	基本機能の低下（車輌／機能は操作可能。ただし、性能のレベルが低下する）	7	大きな（顕著な）トラブル	製品の一部をスクラップしなければならないこともある。基準プロセスからの逸脱。ラインズピードダウンまたは追加人的資源。
2次機能の喪失または低下	2次機能の喪失（車輌／機能は操作可能／便利機能が操作不能）快適	6	中程度のトラブル	ライン上の製品の100％をライン外で修理することもある。
	2次機能の低下（車輌／機能は操作可能／便利機能の性能が低下する）快適	5		一部のライン上の製品をライン外で修理することもある。
いらだたしい	外観と仕上げ／きしみと雑音が適合していない。ほとんどの顧客が気付く。（75％を超える）	4	中程度（6、5より低い）トラブル	ライン製品の100％をライン手直しのステーションで手直しすることがある。
	外観と仕上げ／きしみと雑音が適合していない。多くの顧客が気付く。（50％）	3		一部のライン製品を加工前のステーションで手直しすることがある。
	外観と仕上げ／きしみと雑音が適合していない。特に細かい顧客（25％未満）が気付く。	2	軽微なトラブル	工程、作業または作業者に若干の不便がある。
影響なし	気が付くような影響はない。	1	影響なし	認識する必要はない。

表 6.6　PFMEA 発生度（O）に推奨される評価基準

故障の可能性	項目／車両当たりの発生	ランク
非常に高い	100 以上／1000 当たり、1／10 以上	10
非常に高い	50／1000 当たり、1／20	9
高い	20／1000 当たり、1／50	8
高い	10／1000 当たり、1／100	7
ときどき故障	2／1000 当たり、1／500	6
ときどき故障	0.5／1000 当たり、1／2,000	5
ときどき故障	0.1／1000 当たり、1／10,000	4
低い	0.01／1000 当たり、1／100,000	3
低い	0.001 以下／1000 当たり、1／1,000,000	2
非常に低い	予防管理により故障は取り除かれる	1

(7) 結果の評価

　危険度 RPN（Risk Priority Number）は、RPN＝S（重要度）×O（発生度）×D（検出度）の数値で表し、数値が大きいほどリスクが高いということであるが、まず、(S) 重要度の高いものに最優先度を設定すべきである。すなわち、発生したら確実に事故になるなどの故障は最大限除去する努力が必要だからである。S のランクは基本的な設計を変更しないかぎり下げることはできない。S のランク 9 以上は欠陥設計でリコール対象の欠陥である。RPN の高いものから優先順位を付けて対策を検討する。

(8) 対策案の検討〜決定

　対策責任部門（者）を中心に検討し、検討結果をチームで評価しランク付けして、RPN が目標値まで下げられるかを評価する。目標に満たなければ更なる対策案を検討する必要がある。

ケーススタディ　自動車の DFMEA

　リコール隠しで有名になった「トラック前輪ハブ破損」で事例スタディーしてみる。ただし、これはあくまで著者が FMEA の実施例として提供するものであり、事実に基づいているということではないことを断っておく。

▶予想される最も厳しいユーザーの使用モード
　① 長距離、長時間の高速走行。（過酷な走行による摩耗促進）
　② 過積載ないしはギリギリ。（過大な軸重負荷）

表 6.7 PFMEA の検出度（D）に推奨される評価基準

検出の機会	基準：工程管理による検出の可能性	ランク	検出度
検出の機会なし	現在は工程管理にない；検出不可能または解析不可能	10	ほとんど不可能
いずれの段階でも検出困難	故障モード及び／またはエラー（原因）は、容易に検出できない。（例えば、ランダム監査）	9	非常にまれ
工程後の問題検出	故障モード検出は、工程完了後に可視／触感／警報の方法で作業者により検出。	8	まれ
資源における問題検出	故障モード検出は、工程ステーション内に可視／触感／警報の方法で作業者により検出、あるいは工程完了後に計数的ゲージ（Go／No go、トルクチェック／クリッカーレンチなど）で検出。	7	非常に低い
工程後の問題検出	故障モード検出は、工程完了後に作業者による計量的測定、あるいは工程ステーション内に計数的ゲージ（Go／No go、トルクチェック／クリッカーレンチなど）で検出。	6	低い
資源における問題検出	工程ステーション内の故障モードまたはエラー（原因）検出は、作業者による計量的測定、あるいは工程ステーション内の自動監視による異常部品識別及びウオーニング（ライト、ブザーなど）による。セットアップ時の測定及び初品チェック。（セットアップ原因の場合のみ）	5	中程度
工程後の問題検出	故障モード検出は、工程完了後に自動監視による異常部品識別及び次工程への流出防止のため拘束。	4	やや高い
資源における問題検出	故障モード検出は、工程ステーション内の自動監視による異常部品識別及び次工程への流出防止のため拘束。	3	高い
エラー検出及び／または問題予防	工程ステーション内のエラー（原因）検出は、自動監視による異常（エラー）検出及び製造へ混入防止。	2	非常に高い
検出は適用不要；エラー予防	設備設計、マシン設計、あるいは部品設計そのものでエラー（原因）防止。異常部品はプロセス／製品設計によりエラープルーフィング（ポカヨケ）により製造され得ない。	1	ほぼ確実

③ 多少の兆候があっても走行できれば、運行する。（稼動効率を上げるためメンテナンス不十分）
④ 寒冷地、海岸地は塩害による腐食。（早期劣化）
⑤ 乗用車に比べ使用期間が非常に長い。（経年の摩耗・腐食劣化）

▶潜在的故障モード
（顧客が気付く兆候ではなく、物理的または技術的な用語を使う）
ハブの異常摩耗、ひび割れ、歪み、変形、酸化、ボルトとのガタ、破損……

▶故障の潜在的影響
（故障モードが機能に与える影響で、ユーザーが認識するもの）
走行中やブレーキング時に前輪に振動、タイヤがぶれる、ブレーキの効きが正常でない、ハンドルが取られる、破損脱輪……

▶重要度（S）
事前の兆候はあるが、放っておくと重大な事故になる危険（車両の転覆、車輪外れなど）がある。重要保安部品（特殊特性）であり、法規制抵触などから表6.2によるランク付けは"9"。
重要度（S）が9以上であれば、"欠陥設計"であるからRPN値に係らず基本的に設計変更が必要である。自動車における最悪の安全欠陥事象は、走らない、止まらない、曲がらない、燃える、突然発進であり、重大事故の原因となり得る。

▶故障の潜在的原因／潜在的メカニズム
不適切な設計（材料硬度、強度不足による繰り返し金属疲労、不適切な製品寿命設定、ストレスが集中する構造、結合部品との合い、メンテナンス性など）

▶発生度（O）
ユーザー使用モードと、設計寿命との関係で計算し分析すれば想定できる。トラックの使用モードから推定すると、走行距離・使用期間から表6.3によるランク付けは"6"だろう。

▶検出度（D）
上記のユーザー使用モードから推定すると、限られた車両定期点検の中でクラックなどの初期症状を発見することはそう容易ではない。表6.4によるランク付けは"5〜6"程度か。

▶危険度（RPN）
(S)9×(O)6×(D)5〜6＝270〜324
まさに、とんでもない危険度である。

▶RPNを下げるための対策
- 設計開発段階での各種テスト、特に厳しいユーザー使用モードの妥当性確認テスト（これを"いじわるテスト"という）を行えば、この不具合は容易に検出できた。

原因の1つとして、実機によるテスト（妥当性確認）を行っていなかったことを報道は伝えていたが、このケーススタディでFMEAの重要性が理解できたと思う。

▶現在の設計管理　予防と検出

設計・開発の管理のなかで、実施する検証及び妥当性の確認で検出できるかということが重要。強度計算、コンピューターシミュレーション、物性テスト（金属組織、耐腐食、硬度）、単体耐久テスト、実車走行耐久テスト、台上ショック耐久テスト、設計審査など。

多くのリコール例からわかっていることは、妥当性確認（実機による検証）が行われなかった、または不十分であったケースが多い。ユーザーの使い勝手（走行パターン・モード、メンテナンスなど）、気候（気温、湿度、積雪、紫外線量、ホコリなど）、経年劣化などのインプットがDFMEAの有効性を上げる。

著者の在職していた自動車メーカーでは、設計部門に配属された要員が先ず受けるのがこのFMEA研修であった。工程FMEAも製造プロセスで大変重要であるが、基本は設計段階（製品設計及び製造工程設計）で、大きなS数値（重要度）のリスクを除去することを目標としなければならない。

このFMEAは製造業だけでなく、有効な潜在リスク予防ツールとなるので、先に述べた、医療業界などのほか各種業界において重要度（S）、発生度（O）、検出度（D）の定義を決めてFMEAを実践すれば、致命的リスクを予防できることができるのではないかと考える。

6.3 統計的工程管理手法 (SPC：Statistical Process Control)

統計的手法は、量産プロセスの品質管理手法として日本の製造業には1960年代から「現場のQC活動」として実践され、定着している。

統計的手法といっても、不良集計分析の「パレート図」から、専門的で高度な「相関分析」や「ワイブル分布」などいろいろあるが、自組織の製品及びプロセスに適した手法を選定して活用することが重要である。

ここでは、自動車業界で活用されている現場の工程管理の手法について、その概要を説明する。

(1) データの分類

先ずデータが「計数値」(Attribute data) か「計量値」(Variable data) か。
- 「計数値」(Attribute data) とは、1、2、3……と数える不連続数を言い、OK、NG（合格、不合格）で判定するもの。(1以下には分けられない)
- 「計量値」(Variable data) とは、連続した量を言い、長さ、重さのようにある程度の範囲内を合格と判定するもの。

(2) データの種類と管理図

ある品質特性を生み出す工程が、安定した状態にあるかどうかを調べるため、または工程を安定した状態に維持するために用いる図が管理図であり、データの種類と適用できる管理図を図 6.3 に示した。

(3) $\bar{X}$-R 管理図

ここでは、自動車業界で量産製品の製造工程管理に使われている「$\bar{X}$-R 管理図」について一例を示す（図 6.4）。

$\bar{X}$ 管理図は、規格中央値（CL）の上方に規格上限値（UCL）、下方に規格下限値（LCL）を、日々のシフトで平均値を $\bar{X}$ として記録を集計してプロットするものである。

次に、R 管理図は、規格範囲（RANGE）で、同様に測定データをプロットするものである。このデータの記録から傾向を読み取り、工程を管理するというものである。注意点は、点が異常な傾向を示したとき（原則がある）、原因を分析し、しかるべき処置を取ることである。

図 6.4 の下方記事欄に特記された事象に対し、原因分析をしてそれを記録する。

著者の経験であるが、ある機械部品サプライヤーの指導をしたとき、このグラフが定期的に必ず、平均値に戻るという傾向を発見した。調べてみると、これが同一の作業者の時にそうなっている記録であったことが判明した。これは、その特定の作業者が実際の測定をせず、平均値を管理図にプロットしていたということが原因であった。工程の管理者は、このような変化をすぐに見抜けなければならない。

データを取るということに対して、形骸的になって本質を忘れた、いい事例である。

データの種類			適用できる管理図	
計数値	不良率		n が一定でない時	p 管理図
	不良個数		n が一定の時	pn 管理図
	欠点数		欠点が現われる範囲の大きさが一定の時	c 管理図
	単位当たりの欠点数		欠点の現われる範囲の大きさが一定でない時	u 管理図
計量値	長さ・重さ・時間 強さ・成分・収率 純度・温度・充填量 など		平均値（$\bar{X}$）と範囲（R）	$\bar{X}$-R 管理図
			中心値（$\tilde{X}$）と範囲（R）	$\tilde{X}$-R 管理図
			個々のデータ	x 管理図

図 6.3 データの種類と管理図

第6章 品質コアツールの活用

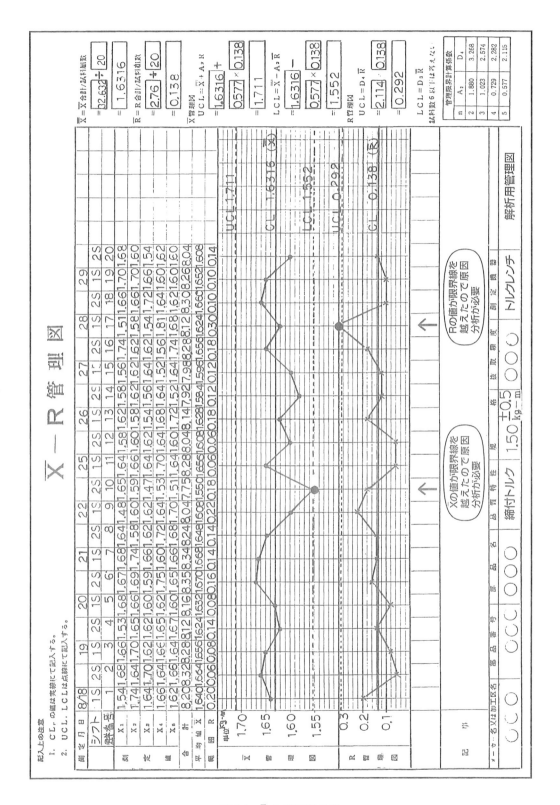

図6.4 $\bar{X}$-R 管理図の例

- データは同じ条件で取る。（定点・定時の観測）
- 工程は安定していなければならない。（試作段階などで取るデータは"工程性能"として、工程能力とは区別される）
- データは、絶対に修正しない。
- 変化に対して、原因をすぐに調査する。（必ず記録する）
- 工程のパラメータ、その他の要素（作業者が替わったなど）を変更した時は必ずデータに注目する。（変更は必ず記録する）
- グラフの大きさは適切なサイズとして、数値変化が確実に読み取れるようにする。
- 分析結果を類似の工程と比較して工程差の傾向をつかむ。

(4) 工程能力指数（Cp）

工程能力とは、目標とした品質が、工程で安定して造りうるかどうかの判断を与えるために、製品の規格範囲に対して、工程の管理能力の余裕がどれくらいあるかということを知るために計算されるものである（図6.5）。

統計的品質管理学では「±3σ」（3シグマ）が管理レベルの達成基準と考えられている（"いた"と過去形にするほうがよいかも知れない）。

"3シグマ"は、1000個のうち3個が規格ハズレとなる基準で、工程能力ではCp＝1.00で99.73％の保証である。表6.8のCp＝1.00のところを見ると2,700 ppmであるから100％−99.73％＝0.27％の不良となる。

一般製造業ではこの"3シグマ"を達成目標として品質管理を行えば十二分に高品質と称される製品は現在でもたくさんある。

自動車の製品特性（第1章）で述べた通り、大量生産の電子・電気部品、精密機械部品などの部品については現在"ppm"（100万分の1）で管理されている。

"シックス・シグマ"[*1]理論で有名になったが、ここで言う"6σ"の状態とは、統計的手法による標準偏差が正規分析と仮定して、±6σの範囲を外れる確率が100万個の内3.4というレベルであり、表6.8のCp＝1.50～1.60の間に位置する。前述の自動車部品ではCp＝1.60を目標とする部品もザラにある。工程能力指数とppmの相関を表6.8に示す。

なお、顧客自動車メーカーにより、各々の部品に対する工程能力は指定される。これは「コントロールプラン」により管理されることになる。

[*1] シックス・シグマ：1980年代にモトローラにより開発された統計学的手法を用いた経営全体のプロセス改革手法であり、GE、東芝などでも導入された。

第6章 品質コアツールの活用

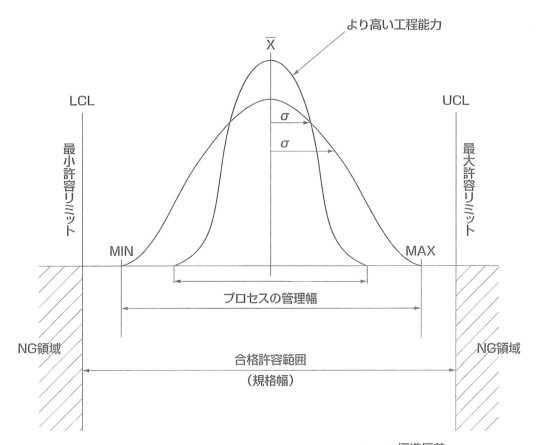

- 工程能力(Cp) $= \dfrac{UCL - LCL(規格幅)}{6\sigma}$
 (両側規格の場合)

- 工程能力(Cp) $= \dfrac{UCL - \bar{x}}{3\sigma}$ または $\dfrac{\bar{x} - LCL}{3\sigma}$
 (片側規格の場合)

σ ：標準偏差
UCL：規格上限値
LCL：規格下限値
Cp ：Process Capability

＊簡単に説明するため上記は偏りを考えていない。

> 規格幅に対して、プロセス(工程)の能力が、どれくらい余裕があるかということである。

プロセス(工程)能力を上げれば、製品のバラツキが大きくなっても規格外れは出ないが、管理が厳しくなりコストも上がる。

図 6.5 工程能力

表 6.8　工程能力指数と ppm の相関

工程能力指数（Cp）	ppm
.33	317,311
.67	45,500
1.00	2,700
1.10	967
1.20	318
1.30	96
1.33	63
1.40	27
1.50	6.8
1.60	1.6
1.67	0.6

6.4　測定解析 (MSA : Measurement Systems Analysis)

　IATF 規格の 7.1.5.1.1 項（第 3 章参照）の要求事項である工程管理における計測システムが対象である。コントロールプランあるいは QC 工程表などで特定されている部品の計測システムについて、各種の測定から生じる誤差の要素に対し、統計的手法を使って解析し測定バラツキを把握して測定の信頼性を高める目的で活用される。

　この MSA のリファレンスマニュアルは、QS-9000 時代に AIAG において監修され、汎用的に利用されている。

　製造工程における測定誤差が、製品のバラツキ（製品誤差）に考慮したときでも仕様限界値（specification limit）内におさまることを保証するため、測定誤差・バラツキを統計的手法にて解析する。

　図 6.5 で説明すれば、測定誤差を含めた範囲が合格許容範囲内に常におさまっているということを保証することである。

(1) 自動車業界における MSA の活用
- 計測システムの品質を評価する手順を選択する際のガイドラインである。
- どんな計測システムにも使用できる一般的なガイドラインであるが、おもに工業分野で使用する計測システムを対象とする。

- すべての計測システム用解析の解説書を意図していない。
- 部品を繰り返し測定するような計測システムに焦点を当てている。
- 統計的手法を用いることを推奨している。
- このマニュアルに含まれていない計測システム解析を適用する場合には顧客承認が必要である。

(2) 用　語

- 測定（計測）：「モノに対して特定された特性に関連して相互の関係を表すように数値または値を割り当てること」で、
　―測定（計測）プロセス；数値を割り当てるプロセス
　―割り当てられた値；測定値
- ゲージ（Gage）；計測を行うために使われる何らかの装置・器具
- 計測システム；計測の単位を定量化する、または、測定される特性の評価を定めるために利用される装置、ゲージ、標準、作業、方法、取り付け具、ソフトウェア、人、環境及び仮説などの集合体。

(3) 計量値（6.3 統計的工程管理手法を参照）の測定バラツキと評価方法

① 偏り（Bias）：基準値（真の値）からのずれをいう。（図 6.6）
　　同じ部品の同じ特性に関する真の値と測定値の平均との差のことで標準偏差を近似するため平均値範囲を用いて、母平均値の差の検定（t 検定）を行う。

② 直線性（Linearity）：測定範囲内での偏りの推移のことをいう。（図 6.7）
　　計測範囲全体にわたる偏りの差異を見るため計測範囲の偏りを直線近似して勾配と切片の t 検定を行う。

③ 安定性（Stability）：測定値の経時的なバラツキをいう。（図 6.8）

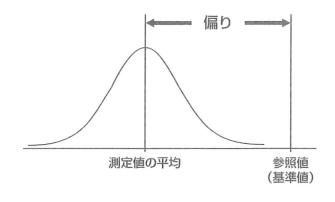

図 6.6　偏り

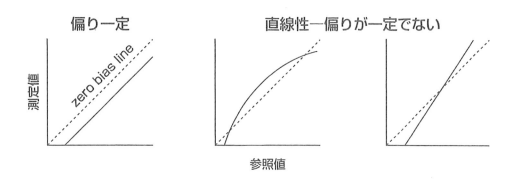

図 6.7　直線性

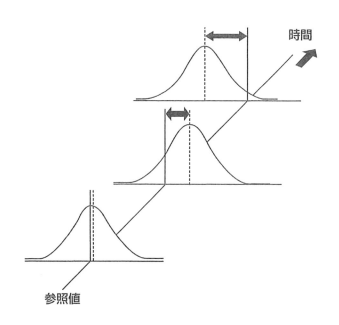

図 6.8　安定性

　同じマスターまたは部品を1つの特性について長期間にわたって測定した場合の測定値の総バラツキ量で偏りの経時変化を表す。
　　繰返し測定が可能な場合　　：$\bar{X}$-R 管理図（変動率）
　　繰返し測定が不可能な場合：X-Rs 管理図（公差比率）
を用いて管理限界線で評価する。
④　繰り返し性（Repeatability）：同じ部品について同一の特性を1人の評価者が1台の計測器を数回使用して計測したときの計測値のバラツキでEV（装置変動）、システム内

第6章 品質コアツールの活用

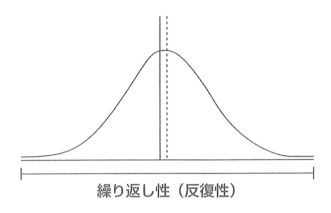

図 6.9　繰り返し性

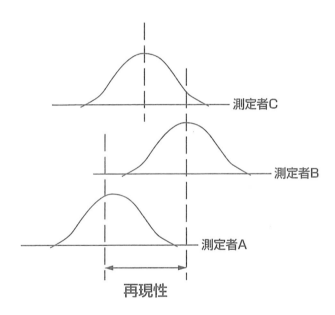

図 6.10　再現性

変動とも呼ばれる（図 6.9）。
⑤ 再現性（Reproducibility）：同じ部品について同一の特性を異なる評価者が同一の計測器を使用して得られた計測値の平均値のバラツキで AV（評価者間変動）、システム間変動とも呼ばれる（図 6.10）。

(4) ゲージ R&R（GRR）

繰り返し性と再現性を評価するもので、平均値範囲法（測定値の範囲（R）の平均値を用い

て標準偏差を近似して分散を評価する方法）と ANOVA（分散分析）法が紹介されている。

GRR％は、測定装置と測定者によるバラツキが測定システム全体に占める割合をいう。

- 測定全体のバラツキ＝部品のバラツキ＋GRR（測定装置のバラツキ＋測定者によるバラツキ）

(5) ndc（知覚区分数）

測定システムによって正しく区分され得る区間の数のことで、予想される製品バラツキ全域にわたり互いに重なり合わない97％信頼区間の数を表し、ndcは切り捨てて整数で表す。5以上の値が要求されている。

ちなみに、顧客固有要求事項における FORD CSR ではコントロールプランに記載されている測定システムは GR&R を実施すること、及び GR&R は測定者のばらつきの寄与率がわかる ANOVA 法（分散分析法）を用いること、及び ndc（知覚区分数）を報告することを要求している。

(6) 計数値（6.3 統計的工程管理手法を参照）

Go/Out 判定ゲージ（Attribute Gage）にみるような合格・不合格のみを判定するような測定器に対する分析方法。

MSA は自動車部品のうち、特に精密金属加工部品等を製造するサプライヤーにとって有効な工程管理手法である。測定技術と、そのシステム解析は専門的な領域であり担当者に対する教育訓練が不可欠である。統計的品質管理と同様に、教育研修機関において教育研修コースが提供されているので利用されるとよい。

第7章 自動車産業の社会的責任（CSR）とリコール（回収、無償修理）

この章では、自動車産業の社会的イメージに対する悪影響が最も大きいリコールと企業不祥事を取り上げる。近年に発生している大型リコール事例と企業不祥事から根本原因を分析し考察する。ISO9001/IATF16949の品質マネジメントシステムは、究極的に製品の安全と信頼を社会的に実証することであり、これが無意味になってしまうような原因は何であるかを共に考えたい。

7.1 自動車のリコール

わが国の自動車に関する法規制の1つに、通称"リコール法"というのがある。この法規制は、自動車運行上の機能・構造上の安全確保が目的であり、自動車メーカーが自社製品に安全欠陥を認めたとき、監督官庁である国土交通省に届け出て無償回収することを義務付けている。

リコール法は、自動車のユーザーはもとより、歩行者、他の車両、整備業者等の自動車使用上の消費者保護のための法規制であり、元はPL大国アメリカで1966年に生まれた。この法制化は各国の事情による差こそあるが、自動車の普及している世界のほとんどの国で制定されている。ユーザーへの通知、対策部品代、修理費用はすべてメーカー負担であり、公表が義務付けられている。

図7.1に日本の自動車リコール制度の回収・修理の種類を示す。

図7.2は日本の近年のリコール届出と対象台数を示す。2015年の急激な対象台数の増加はタカタのエアバッグのリコールが大きな要因である。

近年の傾向として、複数車種の共有設計や、部品の共用化により対象台数が膨大になり"メガリコール"という言葉まで登場した。改修費用はもとより、顧客の製品に対する不信不安、社会の信頼失墜など信頼回復に大きな代償を払うことになり、経営に及ぼす負の影響は大きい。

自動車産業は、法規制（安全基準及び環境基準など）を遵守することは当然として、ユーザー（運転者、搭乗者、整備者、他の利用者）、他車、歩行者に対し安全な製品及び社会に対して安全な環境を提供することが使命であり社会的責任である。

第 7 章　自動車産業の社会的責任（CSR）とリコール（回収、無償修理）

項目	内容
リコール	同一の型式で一定範囲の自動車等又はタイヤ、チャイルドシートについて、<u>道路運送車両の保安基準に適合していない、又は適合しなくなるおそれがある状態で、その原因が設計、又は製作過程にあると認められるとき</u>に、自動車メーカー等が保安基準に適合させるために必要な改善措置を行うこと
改善対策	リコール届出と異なり、道路運送車両の保安基準に規定はされていないが、<u>不具合が発生した場合に安全の確保、及び環境の保全上看過できない状態であって、かつ、その原因が設計、又は製作過程にあると認められるとき</u>に、自動車メーカー等が必要な改善措置を行うこと
サービスキャンペーン	<u>リコール届出や改善対策届出に該当しないような不具合</u>で、商品・品質の改善措置を行うこと

図 7.1　日本の自動車リコール制度　回収・修理の種類

年度	2013	2014	2015
件数	303	355	368
対象台数	7,978,639	9,577,888	18,990,637

図 7.2　近年のリコール届出件数及び対象台数（国交省データより）

（1）過去 20 年間に起きた大きなリコールと不祥事

2000 年　三菱自動車：我が国でリコール法が制定された時点から 30 年にわたる市場クレームの隠蔽による組織的なリコール隠しが発覚

2004 年　三菱自動車：トラックの車軸脱輪事故で死者、刑事事件に発展。会社は当初は整備不良と主張していたが、その後、構造欠陥が原因としてリコール実施

2010 年　トヨタ自動車：回生ブレーキの制御プログラム、米国運輸当局による公聴会など米国を舞台に厳しい状況が連日マスコミを賑わせた。社長が米国で謝罪（詳細は後述）

2014 年　米国 GM：エンジン点火スイッチの欠陥を 10 年放置、事故による死者、負傷者、260 万台リコールと巨額の制裁金と賠償金発生

2014 年　タカタ：エアバッグのインフレーター不具合により作動時に金属破片が飛び散り死者、負傷者。日本の自動車メーカー、海外の自動車メーカーがそれぞれの国でリコール

届を行っており車種も多岐に亘っているため、リコール数は米国だけでも6900万個、米国以外の6000万個と合わせ世界で1億2000万個といわれている。

2015年　ドイツのフォルクスワーゲン：車両型式認証の排ガス試験で使われるベンチテスト走行モードのソフトウェアプログラムの不正な改ざんにより規制値虚偽、リコール、主に米国、ECで巨額の制裁金と賠償金が発生

2016年　三菱自動車：燃費データ改ざんが軽自動車OEM先の日産から発覚、国交省による調査で過去の燃費テストにおいても改ざんがあったことが判明。過去のリコール隠しと度重なる企業不祥事に対する不信が社会問題化

　三菱自動車は2000年と2004年の2度にわたってリコール隠しを行い、2016年に発覚した燃費の改ざんは軽自動車OEM先の日産からの告発であった。マスコミから連日のごとく糾弾され危機的な状況であった中、日産自動車が三菱自動車の株を34％取得し、会長に日産のゴーン社長が就任、経営陣も変わり日産主導による企業改革が始まっている。

　2010年に起きたトヨタ自動車の米国でのリコールは、GMを抜き世界最大の自動車メーカーになったトヨタに対する米国の感情という部分もないとは言えないが、米国運輸当局による公聴会など、米国を舞台に厳しい状況が連日マスコミを賑わせた。社長自身が米国に赴き、真摯な謝罪会見を行い収束した。

　タカタは問題を指摘されながらもトップの顔もわからないまま明確な行動を取らなかったため米国当局を敵に回してしまった。また、もっとも関係の深かった（タカタ製品を最も多く採用している）ホンダからも不信感を買い三下り半（離縁）を突き付けられた。

　ドイツのフォルクスワーゲンの不正に驚いた。著者は自動車会社でヨーロッパ駐在時代、自動車型式認証業務や業界の仕事でドイツの自動車当局やメーカーの人達とも交流があった。ドイツの自動車規制事項の厳しさ及びドイツ業界規制VDAはサプライヤーにも非常に厳しく、頑固に規制を守るというドイツ人気質から想像できなかったからである。原因はディーゼル車の販売拡大のためにトップが介入した不祥事と伝えられている。

7.2　安全基準に対する認識

　自動車の安全は自動車の構造・機能、性能による安全性確保と、自動車の運行面での規制の二面で達成されるものである。

　法的な安全基準は、わが国では「道路運送車両法」に基づき「自動車の保安基準」で構造的な安全基準が定められている。米国ではFMVSS（Federal Motor Vehicle Safety Standard）、欧州においてはEEC Directivesで性能・構造的な安全基準を定めている。

　安全基準は、1970-1980年代の基準のハーモニゼーションにより現在、日、米、欧の多くの安全基準は整合しているが、排ガス基準は走行モードが各国独自であるため異なっている。排ガスについては米国ではEPA（環境庁）が管轄している。排ガス規制値オーバーも当然リコー

第7章　自動車産業の社会的責任（CSR）とリコール（回収、無償修理）

国名	リコール制度		
	規定	対象範囲	仕組み
アメリカ	法律 （国家交通・自動車安全法）	自動車 自動車の装置	届出＋回収命令 回収実績報告
	法律 （大気洗浄法）	自動車	届出＋回収命令 回収実績報告
カナダ	法律 （自動車安全法）	自動車 自動車の装置	届出 回収実績報告
オーストラリア	法律 （商取引法・自動車基準法）	自動車 自動車の装置	届出 回収実績報告
EU	EC指令 （製品の一般的安全性に関する指令）	自動車 自動車の装置	全加盟国への通知、回収の実績 （全加盟国に実施及び適用が義務づけ）
日本	法律 （道路運送車両法）	自動車 特定後付装置	届出＋リコール命令 回収実績報告

リコール制度とPL法
リコール制度は事故・故障・公害の未然防止を図ることを目的とするものであり、一方、1995年7月に施行された製造物責任（PL）法は、製品の安全性に関する消費者利益を確保するためのもので、製造物である自動車の欠陥により万一事故が生じた場合に、その被害者を事後的に救済することを目的としている。つまり、双方はそれぞれの目的が異なり補完し合うものである。

出典：国交省

図7.3　諸外国の自動車リコール制度（国交省データより）

ル対象である。

図7.3に諸外国の自動車リコール制度を示す（国交省資料より引用）。

IATFで特定している「特殊特性」（Special Characteristics）は、これらの安全基準に関係する特性である。日本の保安基準では、この特性に関連する部品を「重要保安部品」と指定して車検でチェックしている。

自動車メーカーは新型自動車の型式認定のなかで、当局に対し、それらの安全基準に適合することを試験などにより実証することになっている。また、米国は自動車の型式認定制度はないが、メーカーが自ら安全基準への適合を実証できることが要求されている。

自動車メーカーの安全基準への適合は最優先事項であり、自動車の設計・開発段階で各種の試験を行って法規への適合性を確認している。トヨタのハイブリッド車によるブレーキのリ

コール問題に関しては、安全基準が要求する停止距離は満たしていたので直接的な法規不適合ではない。ABS（濡れた路面などでのスリップを防止するアンチロック・ブレーキ・システム）とハイブリッドの回生ブレーキの制御プログラムにおいてブレーキが効かない瞬間があり、これがドライバーのブレーキ操作に影響を与える安全欠陥ということであった。

　ここが極めて重要で、安全基準に定められた試験に合格しているから問題がないという考え方から、当初トヨタの品質担当重役の「基準を満たしているので問題ない」という発言が物議をかもす結果となった。片や米国で話題となった「予期せぬ加速」は、アクセルペダルを踏まなくても自動車が勝手に加速してゆくことは信じ難く、事故を起こしたドライバーの主張がマスコミで利用された感がある。著者の経験からだが、あるスピードレンジにおいて加速感を出すために意図したコンピューターソフトのプログラム設計が逆に、そのような車に慣れていない運転者に不安を与えている場合がある。プログラムのソフトウェアは自動車の性能を競い合う自動車メーカーにとっては機密性が高いブラックボックスなのだ。自動車の走行操作系、駆動系、制動系などの基本的重要部分の制御プログラムはここ数年で高度かつ複雑に進化している。この領域に関しては、ISO/IEC15504シリーズの実践活動として「Automotive SPICE（Software Process Improvement and Capability dEtermination）」が欧州系の自動車メーカーで2006年からサプライヤーの評価ツールとして活用されている。

　日本においては2010年のトヨタの米国におけるリコールがきっかけとなり各社が、「ISO26262　自動車の機能安全」の実践を要求している。IATF16949においては組込みソフトウェアをもつ製品に対する要求事項が新たに加わった。この領域における自動車リコールも年々増加しており今後の自動車の進化に伴ってさらにソフトウェア開発は重要な要素となってくる。

　次に、自動車の使用上の問題は道路運行規則であるが、事故が起きた場合、その根本原因が構造上の問題であるのか、整備不良なのか、運転者の問題なのかを特定しなければならない。運転者によるものと法的義務のある整備における不良のほうは、自動車メーカー側の直接責任ではない。ただし、事故の1次原因が、使用者側にあったとしても、原因分析の結果、運転者や、整備者が間違いを起こすような構造・機能に2次的な原因があるということになれば訳が違う。三菱自動車のトラックの車軸脱輪による死亡事故は、メーカーは整備不良が原因として当局と2年も争っていたが、構造的欠陥ということを表明してリコール隠しが判明した。

7.3　製品安全のための開発

　自動車メーカーは、安全の絶対要件として法的な安全基準を設計のインプットとして自動車の開発を行っている。規格で要求されている設計・開発の要求事項を満たす活動がそれに該当する。IATFにおいては、起こり得る欠陥から故障モードを想定してFMEA（故障モード影響解析-第3章参照）を製品設計と製造工程において行うことが要求されている。有効な

第7章　自動車産業の社会的責任（CSR）とリコール（回収、無償修理）

FMEA のためには、厳しいユーザーモード、過去のトラブル、競合他社の問題など想定し得るリスクを解析のインプットとすることがポイントである。

この FMEA は、力量を持った技術者チームが行うことが重要であり IATF では CFT チームで実施することが要求されている。「設計開発の妥当性確認」では、想定される使用上の状況、すなわち気候（温度、湿度、紫外線、塩害など）、使用モード（高速、悪路、過負荷、運転モードなどの使い勝手）、使用者の特性（人種、性別、体形など）、社会インフラの特性（道路、燃料、サービスなど）などの使い勝手を要件として検証する必要がある。

単なる耐久劣化ではなく、想定外の条件が重なって起こる安全欠陥は開発段階のテストで発見できないケースもあり、市場で欠陥が判明したときは「こんな使われ方があったのか」とか、「気候条件でこんなに劣化するとは」とか、メーカーの技術者は驚かされることがある。これらの情報は貴重な設計のインプットになるわけで、技術者は新しいモデルの設計・開発段階において、これらのリスクを排除する設計にチャレンジしているのである。

タカタのエアバックの問題は、エアバッグを膨らませるガス発生剤に含まれる硝酸アンモニウムが湿気で変質することが原因の一つと最終的に特定された。以前にも米国においてホンダ車がエアバッグのリコールを 2008 年、2009 年、2010 年と連続 3 回行っており、その時から、インフレーターのガス発生剤の製造工程が問題と特定されていた。

自動車メーカーと部品メーカーは自動車開発プロセスの APQP（第 2 章参照）において製品の設計 DFMEA 及び製造工程 PFMEA、そして妥当性の確認テストを行っている。これらのリスク分析と検証が製品安全の原点である。IATF16949 では 4.4.1.2　製品安全が追加され FMEA に対する顧客による特別承認などが盛り込まれた。製品設計レビュー、製造工程設計レビューにおいて問題が見逃されないよう、力量が認められた職制により実施されることが肝心である。また、市場でおこる問題は開発段階では想定できなかった経年劣化などがあるため市場クレームは極めて重要なインプットである。これは本書第 4 章の 4.14「品質リスク予防の内部監査アプローチ」を参照していただきたい。

自動車リコールの多くは、この「妥当性の検証」に不足があったことがわかっている。これは、非常にタイトな開発計画（開発期間の短縮、開発コストの低減）が原因である場合が少なくない、更にコンピューター解析の発達により、以前は実地で行っていたテストの多くがコンピューターシミュレーションで代用されているのもそのひとつである。

2010 年のトヨタ車リコールの原因として、社長が「質の向上より量の拡大が優先されてしまった結果」と述べていたが、これはまさしく、開発段階で上述した「安全・品質」の検証活動が十分に行われなかったことを意味している。トヨタは 2001 年ごろから他社に比してリコールが急増している。モデルの開発時期と市場で起こるリコール時期は、数年のタイムラグがあるので、それを考慮するとトヨタが海外生産拠点を拡大し増産スピードを上げ始めた時期と相関があったことを社長の言葉が裏付けていたことになる。

三菱ふそうトラックの車輪ハブ破損事故では、当初メーカー側は整備不良と主張していたが、

追求の結果、開発段階における実証試験が十分にされてなく設計上の強度不足が原因と特定された。

▶自動車部品メーカーとリコール

　国内、海外の複数メーカー車種による部品の設計共有化、部品の共用化、それに生産拠点のグローバル化などで部品メーカーのリスクは大きくなり、それを間違うとどうなるかをタカタのエアバッグリコールが実証してしまった。2008年からホンダ車でリコールの問題は顕在化していながら根本的な対策をしてこなかった結果である。開発時点での失敗を完璧に防ぐことはできないかも知れないが、市場で不具合が発覚した場合は徹底的に問題を分析し必要な対策を迅速にとることである。そのためには自動車メーカーからの情報ルート、クレーム対応プロセスの機能を内部監査等で監視することも有効である。

7.4　リコール事例にみる問題分析

(1) プロセスにおける問題分析

【その1】自動車メーカーでは通常サービス部門が顧客クレーム窓口となり、ここを起点として社内の技術部門において調査と対応を実施している。第4章　4.14　品質リスク予防の内部監査アプローチの「クレーム処理プロセス」を参照していただきたい。自動車メーカーが最も緊張するのは、今までに報告されてない"初めての故障"である。もし故障が安全欠陥の疑いがある場合、クレームを安全欠陥として認識するまでのプロセスである。このプロセスで重要なのは初動であり部門間の迅速なコミュニケーションが後の対応に大きく影響する。そしてクレーム解析を行う要員の力量に大きくゆだねられる。

【その2】問題として認識されたクレームは、クレーム対策会議などを通じて関係部門が活動を実施するが、解析テストを実施する部門の資源（技術力量、試験・測定機器など）が原因の調査・特定に影響する。組織は主力を開発、生産面に振り向けるため、クレーム解析のようないわゆる"負"の部分の業務が軽視される傾向がある。自動車メーカーならずとも、リストラを進めた結果ベテラン技術者が少なくなってしまい、質の高い技術解析力が不足するという状況も発生している。再現テストなどは、時間とコストが掛かるので経営資源の乏しい組織では対策が進みにくい。

【その3】源流は設計・開発部門であることが多く、実証テスト（ISO的にいうと妥当性検証）を十分に実施しなかったことが原因である例が少なくない。タイトな開発計画及び開発コストの圧縮で必要な実地テストをコンピューターによるシミュレーションで代用するなど、開発段階で手抜きをした結果、ユーザーに渡ってから問題が顕在化するのである。図7.4でも分かるように設計が原因の6割以上をしめており、最近ではプログラムミスが増加しているのも気になる。

第7章 自動車産業の社会的責任（CSR）とリコール（回収、無償修理）

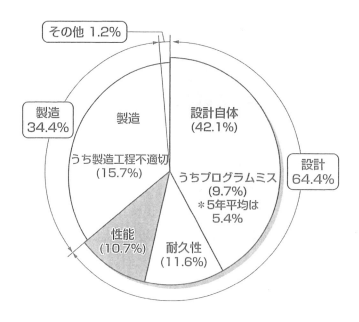

図7.4　2014年のリコールの原因別不具合内訳（国交省データより）

【その4】サプライヤーとの連携及びコミュニケーションの問題もある。「APQP」では、設計・開発の各段階、試作、量産試作、量産の段階の前に自動車メーカーがサプライヤーにおけるテスト結果を評価し、完成車としての妥当性を検証することになっているが、自動車メーカーがサプライヤーに丸投げしているような状況が懸念される。

2016年の三菱自動車の燃費データ改ざんは子会社にテストを丸投げし、燃費データをでっちあげるという不正であった。

(2) 企業体質の問題

リコールに相当する問題かどうかはクレーム解析で認識するが、リコール実施の決定は通常、最上位の品質会議でなされる。問題は会議に上がっていたかどうかである。

責任者が上部に悪いニュースを報告できないような体質なのか、あるいは会議に上がっていたものを、リコールしないと決定したとすれば、経営層の倫理の問題である。いずれにせよこのような企業体質は意識改革をするためには長い年月がかかる。

特にクレーム担当部門（品質保証部など）は、ユーザーの訴えと会社のリスクとのはざ間で、良心の呵責がある場合に内部告発を生む結果ともなる。過去における日本のリコール隠し事件のほとんどは内部告発であり、現場社員の考え方を共有化できない経営陣がいる会社が悲劇を生んでいる。

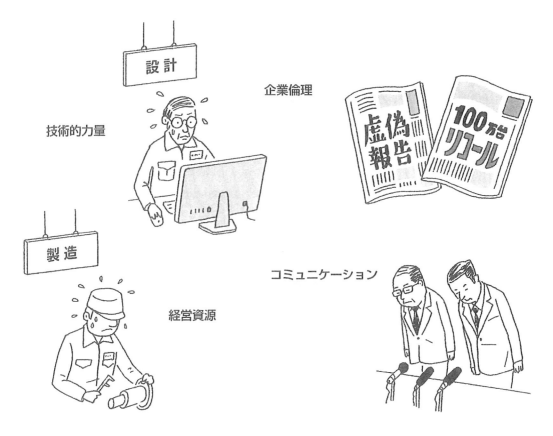

(3) 根本原因

リコール事例及び不祥事を分析すると、その根本原因には、企業倫理、経営資源、技術的力量、コミュニケーション、企業文化にまたがる要因があることがわかる。

▶企業倫理の欠如

自動車以外の事例も含めて、わが国の企業不祥事で共通していることは企業倫理が働いていなかったことである。法令違反をはじめ、マネジメントシステムの「経営者の責任」が果たされていなかったということであり、企業文化も大きな影響を与えているように思われる。

事実が経営陣に伝わらない、本音が言えない社風、上役に対するイエスマン指向、顧客に目が向けられず企業の都合で簡単にリストラなどをする会社など。

▶経営資源の問題

自動車の開発には膨大なコストが掛かり、前項で述べた量産前に実施すべき安全機能のテストや検証に人、物、金を十分投入できなくなると、製品安全への技術力、問題解析力の不足などが製品欠陥を作る原因となる。技術力は最大の経営資源であり、リストラなどにより熟練した社員がいなくなることにより技術力は低下する。また、自動車開発のための試験設備の更新などが出来ないことから最新の技術をキャッチアップできなくなる。経営状態が悪くなると負

のスパイラルに陥る恐れがある。

▶コミュニケーションの問題

　品質不具合の有効なフィードバックと適切な処置が行われないこと。もちろんこの機能に携わる人的な資源も重要な要素であるが、社内の階層間及び部門間のコミュニケーションが途切れることで重要な問題が見逃され大きな問題となってゆく。IATFではQMSの重要なプロセスは部門横断機能（CFT）で活用することを求めており情報のリアルタイム化と共有化による連係プレーを期待している。また、上申プロセス（escalation process）で、問題発生した場合の上部階層への打ち上げについても規定している。

　組織内のコミュニケーションは、トップマネジメントをはじめ部門長の「リーダーシップ」と「全員参加」、また、部品メーカーとの連携とコミュニケーションは「関係性管理」でISO9000の品質マネジメントの7原則の実践として認識することである。

▶技術的な力量の問題

　欠陥リスク防止のための有効な技術的ツールは、FMEA（故障モード影響解析）と妥当性の検証である。設計開発の段階において、これらを確実に実施することが最も重要である。それには、実施側の要員及び評価側の要員の力量を確保することが必須である。前述の経営資源とも絡むが、技術力の伝承ができない状況は業務の質を下げることになる。ISO9001：2015では箇条7の7.1.6において組織の知識とその獲得・蓄積が新たに加わった（第3章参照）。組織内部のOJT教育訓練、外部専門機関等による新しい技術の習得など技術資源の維持・向上は不可欠である。

> 考　察：
> 　ISO9001：2015ではリスクに基づく考え方が重要な概念になり、IATF16949の自動車固有要求事項においても、リスクという言葉が多く使われている。個々の要求事項については第3章　規格の要点と対応を参照していただきたいが、製品安全欠陥によるリコール防止のメッセージは4.4.1.2「製品安全」で示されている。また、リコールと絡んで企業不祥事の防止は、5.1.1.1「企業責任」に行動規範、倫理的な方針を定めて適用することを求めている。
> 　リコール事例の分析から、技術的な問題のほかに企業倫理の欠如、経営資源の問題、コミュニケーションの問題、サプライヤーとの連携不足、要員の力量不足（教育・訓練の不足）が関連している。QMSの製品実現プロセスの源流である設計・開発と妥当性検証が確実に機能しない限り欠陥発生は防止できない。そのためには要員の力量を確保することは極めて重要である。また、もし問題が発生した場合は事実に基づきタイムリーに経営陣に報告されるという仕組みを確実にする必要がある。

7.4 リコール事例にみる問題分析

　安全欠陥に繋がりそうな問題がないかどうかを検証する有効な手段は内部監査である。内部監査では、FMEA、設計の妥当性確認など欠陥リスクの防止活動が適切に実施されているかどうかを検証すること、内部監査には監査プログラムに適した力量のある監査チームを編成し、プロセスを実際の現場、現物で検証することである。本書第4章の「プロセスアプローチ内部監査」を再確認いただきたい。
　また、前述の（1）過去20年間に起きた大きなリコールと不祥事の内容からも、トップマネジメントのリーダーシップがいかに重要か理解できる。第2章の品質マネジメントの原則及び規格の第3章の箇条5リーダーシップを改めて確認いただきたい。

▷著者からのアドバイス

　経営陣は、新製品設計レビューにおいて設計チームに対して安全・品質リスクを報告させること、生産立上がりに際しての現場評価を行うこと、及び内部監査に信頼を置き、内部監査が認証維持の年中行事にならないように、内部監査結果（報告書）のレビュープロセスを確立させ、経営のツールとして活用することがリコール防止においても重要である。

コラム

アメリカの自動車リコールシステム

　米国の道路交通安全局NHTSA（National Highway Traffic Safety Administration）に欠陥調査室（Office of Defect Investigation）という部門があり、ここで全米のユーザーからフリーダイアル、E-mailなどの「ホットライン」を通じて苦情、事故情報などを直接受けている。
　あるカーメーカーのモデルに特定の不具合情報が複数通知され、調査官が安全欠陥・法規抵触の疑いがあると判断したときは、そのメーカーに対して「初期評価」（PE）を要求することになる。回答期限つきで、設計段階からの技術情報、製造情報、サービス情報、事故情報などの膨大な情報提供が要求される。
　メーカー側のサービス情報ネットが機能していれば、この時点でメーカーは問題があることを認識しているのが普通である。「初期評価」では、欠陥でないことを立証できればその問題はクローズとなる。いちはやくクローズにもって行けるかどうかで、その自動車メーカーの担当部門のパフォーマンスを計ることができる。
　メーカーが提出した資料を調査官が評価し、欠陥のおそれがあると判断した場合には、次の段階として「技術解析」（EA）に進むが、この時点では再現テストや専門家による検証などが行われる。この段階においては有効な客観的証拠をもって正当性を立証することが出来なければ、指摘された問題を灰色から白に持って行くことはむずかしい。
　当局側と自動車メーカーの意見の相違がある場合は、公聴会が開かれ当事者のほかに識者、専

第7章 自動車産業の社会的責任（CSR）とリコール（回収、無償修理）

門家が出席して議論がされる。メーカーが安全欠陥であると認識したら、5労働日（米国暦）以内に、前述のNHTSAに欠陥通知をすることが義務付けられている。トヨタのリコール問題では、この欠陥通知が問題発生してから数ヶ月経過していたとして巨額のペナルティーが科せられる決定がされた。トヨタリコール問題を機に、NHTSAはペナルティー上限額についても上限の撤廃を決め、徹底的に製造者責任を追及する法的措置を決定した。GM, フォルクスワーゲンについても巨額の制裁金が科せられている。

リコールにはならなくても訴訟大国アメリカでは、ユーザーが訴訟に持ち込むケースが多い。訴訟で勝てそうなケースなら弁護士が成功報酬を狙って、巧みにメーカーの不利部分を突いてくるので、メーカー側は不本意ながらも社会的な不利益を被らないように示談（和解）として決着させるケースも少なくない。ご存知の通り、このような場合でも賠償額は半端ではない。1件あたり数百万ドルはざらである。リコール隠しなどの不正があれば、回収修理費用のほかに制裁金も含め天文学的コストがかかるのである。アメリカで自動車メーカーが最もリコールを恐れているゆえんである。

このような事情から昔「Big3」が作ったQS-9000には、要求事項にリコール防止（回避）の策が盛り込まれていた。

付録

要求事項への適合証拠となる活動及び文書

　ISO/TS16949から認証審査においてチェックリストを使用することは禁止されている。IATF16949においても同様であり、内部監査においても規格条項に基づくチェックリストを使うことは推奨されてない。これはチェックリストに頼りすぎ、チェック項目をただ埋めてゆくだけの逐条的な監査に陥らないためである。

　IATFでは、あくまでシステム及びプロセスの有効性とパフォーマンスを評価できるプロセスアプローチが要求されている。(第4章プロセスアプローチ内部監査　参照)

　プロセスアプローチでも、タートル図に基づいたワークシートは有効であり、要求事項に対する適合を示す客観的な記録も必要なので、監査プログラムに合わせたプロセスチェックリストとして作成すると効果的である。

　以下の表は、一般的な自動車部品メーカーをモデルにして、ISO9001：2015及びIATF16949の主要な要求事項に対する適合性及び有効性の自己評価を行う上で、対象となる証拠が何かを示したものである。プロセスアプローチの内部監査においてアクセスすべき対象の活動、文書などの主要な項目について活用していただきたい。なお、IATF16949に相当する要求事項については*斜体*で記載している。

▶表中の略称；
- QM　：品質マニュアル
- CP　：コントロールプラン（管理計画表）
- SC　：特殊特性
- TPM：トータル・プロダクティブ・メインテナンス

4. 組織の状況

要求事項	関連する活動・文書など
4.1 組織及びその状況の理解	組織の現状から将来にわたっての、外部と内部の課題を明確にするためのマネジメントプロセス： ・事業戦略　・事業企画　・製品戦略 ・経営方針

	・経営会議 ・事業部方針 ・部門長方針 ・マネジメントレビュー
4.2 利害関係者のニーズ及び期待の理解	利害関係者の特定(第2章図2.14 事業モデルとQMSの相関図 参照)及び、彼らのニーズ、期待、要求事項は何か: ・顧客固有要求事項(CSR) ・業界関連事項 ・法規制 ・契約 ・外部の取決め事項 ・購買先要求事項 ・組合要求事項 (従業員) ・出資者(株主)要求事項
4.3 品質マネジメントシステムの適用範囲の決定 4.3.1 (IATF補足)	事業範囲とQMSの適用範囲の境界の妥当性: ・組織の全機能と活動内容 ・組織系統図 ・QMS適用除外項目の正当性 ・認証登録範囲(認証書)
4.3.2 顧客固有要求事項(CSR)	*・個別の顧客固有要求事項(CSR)*
4.4 品質マネジメントシステム及びそのプロセス	QMSに必要なプロセスと組織全体への適用、それらの順序、相互作用が明確化された文書情報: ・QMSフロー図(品質保証体系が基本) ・プロセスフロー図(少なくとも主要プロセス) ・品質マニュアル及び基準文書 ・アウトソースのプロセス ・顧客固有要求事項(CSR)
4.4.1.2 製品安全	*・文書化されたプロセス(各項目についてすべての対応プロセスが明確になっていること)*

5. リーダーシップ

要求事項	関連する活動・文書など
5.1 リーダーシップ及びコミットメント	経営者が主導するマネジメントプロセス: ・経営者の声明など(社内文書、ホームページなど) ・経営者決定事項・指示事項 ・経営層の会議 ・会議体への出席 ・マネジメントレビュー ・資源(人的、インフラなど)の決定
5.1.1.1 企業責任	*・企業責任に関する決めごと:倫理規定、コンプライアンス規定、社員就業規則など(一般的に総務*

	部門の管理事項) ・事業監査室の活動 ・品質マニュアル
5.1.1.2 プロセスの有効性及び効率	・マネジメントレビュー(定期会議体含む) ・プロセスレビュー結果の展開
5.1.1.3 プロセスオーナー	・各プロセスオーナーの役割責任、任命
5.2 方針	品質方針の策定プロセス: ・品質マニュアル ・品質方針の周知(対外を含む)
5.3 組織の役割、責任及び権限	部門の役割責任: ・各部門とQMSのマトリックス ・QMSフロー図 ・プロセスフロー図 ・品質マニュアル・

6. 計画

要求事項	関連する活動・文書など
6.1 リスク及び機会への取組み	4.1の課題及び4.2に要求事項に関してリスクと機会の分析結果、及びそれに対するQMSのプロセスへの反映: ・リスク分析/評価の結果からの決定事項(会議体の議事録など) ・取組みの評価(マネジメントレビューなど)
6.1.2.1 リスク分析	・リスク分析対象の決定 ・各リスク分析のプロセスの明確化 ・リスク分析の結果(アウトプット)の記録
6.1.2.2 予防処置	・予防処置プロセス ・実施結果の記録
6.1.2.3 緊急事態対応計画	・顧客要求事項 ・緊急事態対応の対象事象 ・緊急事態対応の計画 ・定期的テスト(訓練)記録
6.2 品質目標及びそれを達成するための計画策定	品質目標の策定プロセス: ・部門又はプロセス毎の品質目標 ・品質方針、全社品質目標との整合性 ・品質目標の展開(活動の記録―PDCAが回っているかの視点)
6.2.1.1 (IATF補足)	・内部・外部のパフォーマンス目標
6.3 変更の計画	QMSの変更プロセス: ・品質マニュアル ・変更ルール妥当性

要求事項	関連する活動・文書など
	・ネガティブ影響評価

7. 支援

要求事項	関連する活動・文書など
7.1 資源 7.1.1 一般 7.1.2 人々 7.1.3 インフラストラクチャ	・組織図　・要員構成（プロセス毎マンパワー） ・インフラストラクチャのリスト（設備管理台帳などを含む） ・職場に導入している人的ケアシステム ・製品の監視／測定機器のリスト及び管理規定「機器の点検、メンテナンス要領など」 ・校正記録
7.1.3.1 工場、施設、設備計画	・計画は CFT チームにより行われているか（部門横断的アプローチの活用） ・製造フィージビリティの評価方法 ・工場レイアウト計画書 ・変更提案時の評価 ・リスクに対する定期評価 ・自動化、ラインバランス、インベントリーレベルなどの有効性に関する評価基準 ・マネジメントレビューのインプット
7.1.4.1 プロセス運用の環境—補足	・事業所の現場観察 　—3S 状況 　—工場内に限定しない（構内） 　—製品特性に整合している
7.1.5.1.1 測定システム解析	・ゲージ R&R の手順 　—CP に記載の計測システムに適用 ・解説手法及び合否判定基準 　—繰り返し性、再現性 　—偏り、安定性、直進性など ・顧客の MSA マニュアルへの適合
7.1.5.2.1 校正／検証の記録	・校正記録対象 　—すべてのゲージ、計測装置、テスト装置 　—従業員所有のゲージ 　—顧客所有のゲージ ・校正記録内容 　—校正基準の識別 　—校正装置の識別 　—校正ハズレの読取値 　—校正ハズレの影響評価 　—校正後の適合証明 　—出荷された場合の顧客通知 ・ソフトウェアのバージョン
7.1.5.3 試験所要求事項	

7.1.5.3.1 内部試験所	・社内ラボのスコープ（範囲） 　―提供サービス（試験、評価、校正各業務を実施する能力） 　―所有装置のリスト 　―実施方法、実施基準のリスト 　―QMS 文書での定義 ・ラボは以下の技術要求に適合 　―ラボ手順の妥当性 　―ラボ評価要員の資格認定 　―ラボでの商品試験 　―関連企画（ASTM）に準拠した試験能力 　―関連記載のレビュー
7.1.5.3.2 外部試験所	・社内ラボの代わりに外部ラボを使用する場合は、 　―ラボスコープが明確で、外注業務がその範囲内にある 　―ISO/IEC 17025 または同等の国内基準への適合認定 または、 　―当該外部ラボに対して顧客承認があること
7.1.6 組織の知識	・技術講習会　・社内啓蒙活動 ・過去トラブル蓄積 ・新技術外部研修会 ・個人の資格・力量
7.2 力量	要員の力量管理及び教育・訓練のプロセス： ・スキルマップ
7.2.1 力量―補足	・訓練ニーズ明確化並びに力量付与に関する手順書 ・訓練記録 　―すべての要員をチェック（組織のすべての階層が対象） ・資格認定業務リスト ・資格認定記録 記録内容に以下を含むか 　―訓練、教育、技能、経験に基づいているか 　―顧客指定要求事項 　―CAD に関する要求事項など
7.2.2 力量―OJT	・OJT 記録 　―すべての重点事項 　―契約要員 　―派遣要員 ・不適合の重要性の認識程度 ・現場検証（インタビュー含む）
7.2.3 内部監査員の力量	・顧客要求を満たしているか ・資格認定手順 ・資格認定者記録

	―IATF を監査する力量を持つ
7.2.4 第2者監査員の力量	上記7.2.3 に加え ・顧客固有要求事項を満たす証明
7.3 認識	・品質教育　・啓蒙教育　・部門ミーティング
7.3.1 認識　補足	・実施された活動の記録
7.3.2 従業員の動機付け及びエンパワーメント	・文書化のプロセス ・測定のプロセス（評価方法は何か）
7.4 コミュニケーション	コミュニケーションプロセス： ・会議体（目的／参加者／開催頻度／場所及びアウトプット） ・会議体以外のコミュニケーション（CFT 活動）
7.5 文書化した情報	・文書管理プロセス（メディアの相違） ・文書体系図 ・記録の管理方法
7.5.1.1 品質マネジメントシステムの文書類	・品質マニュアル ・プロセスマップ（プロセスフロー） ・顧客固有要求事項（CSR）のマトリックス
7.5.3.2.1 記録保持	・法令・規制要求事項が定めた保管期間 ・顧客が定めた保管期間
7.5.3.2.2 技術仕様書	・顧客技術規格／顧客技術仕様書 ・顧客からの変更が通知された場合、社内関連文書見直し記録 　―見直しした日 　―関連文書の変更記録 　―生産関連のもの、技術変更の実施記録 　　（生産適用日）

8. 運用

要求事項	関連する事項・活動・文書など
8.1 運用の計画及び管理	・製品実現プロセス ・製品実現に必要なプロセスの計画及びその展開状況 ・品質計画書と設計記録、コントロールプラン（CP）、作業指示書、製品承認記録、資源、設備計画などとのリンク ・品質計画書の内容（APQP） 　―製品品質目標 　―製品要求事項 　―製品特有のプロセス及び文書 　―製品特有の資源 　―製品固有の検証、妥当性確認、監視、検査及び試験活動

	―製品合否判定基準 ―製品実現のプロセス及び製品に関する必要な記録
8.1.1 運用の計画及び管理―補足	・顧客要求事項 ・技術仕様書 ・物流要求事項 ・製造フィージビリティ ・APQP 計画
8.1.2 機密保持	・機密保持手順 　―機密文書、記録例 　―現場・現物での実態
8.2 製品及びサービスに関する要求事項	
8.2.1.1 顧客とのコミュニケーション―補足	・顧客指定言語 ・フォーマット（CAD データなど） ・情報交換記録 　―設計・開発各イベントごとの責任者 　―設計・開発の段階の定義 　―レビュー、検証及び妥当性確認の各計画 　―変更の記録 ・インタフェースの明確化と運営管理 　―適切な部門を含むインタフェース
8.2.2.1 製品及びサービスに関する要求事項の明確化―補足	―引渡し後の要求事項は保証書によるなどのアフターサービス契約を含む ―組織が定める要求事項には、リサイクル、環境影響及び特性を含む ―法令・規制要求事項には、材料の取得、保管、取扱い、リサイクル、除去、廃棄に適用されるすべての政府、安全、環境規制を含む
8.2.3.1.1 製品及びサービスに関する要求事項のレビュー―補足	免除についての顧客の承認文書
8.2.3.1.2 顧客指定の特殊特性	・顧客しての特殊特性の指定の有無 ・顧客指定の CS の識別、使用 　―顧客指定シンボルマーク
8.2.3.1.3 組織の製造フィージビリティ	・製造フィージビリティの確認手順 ・製造フィージビリティの確認記録 　―実施時期 　―調査項目（Cpk 値など） 　―レビュー結果の問題点対応
8.3 製品及びサービスの設計・開発 *8.3.1.1 製品及びサービスの設計・開発―補足*	・製造プロセスの設計・開発も対象 ・欠陥予防に焦点
8.3.2 設計・開発の計画	・設計・開発計画の手順 ・設計・開発計画書 　―設計・開発各イベントごとの責任者

		―設計・開発の段階の定義 ―レビュー、検証及び妥当性確認の各計画 ―更新の記録 ・インタフェースの明確化と運営管理 　―適切な部門を含むインタフェース
8.3.2.1 設計・開発の計画―補足		・設計・開発における展開の手順は明確か ・部門横断の運営管理 ・部門横断の責任者 　―SC（特殊特性）の検討、決定 　―DFMEA及びPFMEAの実施 　―CPの検討、決定、見直し 　―必要部門の参画（設計、製造、技術、生産、品質保証、購買、営業、保全、供給者など）
8.3.2.2 製品設計の能力（スキル）		・各設計要員の相当業務 ・その業務に必要な力量 ・教育、訓練関係記録 ・相当業務別に必要な手段、技術の明確化
8.3.2.3 組込みソフトウエアをもつ製品の開発		・ソフトウェア品質保証プロセス ・ソフトウェア開発プロセス ・ソフト検証記録 ・リスク評価記録 ・ISO26262 ・ASPICE
8.3.3 設計・開発へのインプット		・設計・開発へのインプット項目の記録 　―機能及び性能に関する要求事項 　―法令・規制要求事項 　―類似設計情報 　―その他不可欠な要求 　―顧客指定SC ・適切性レビュー記録
8.3.3.1 製品設計へのインプット		・インプット要求事項の明確化手順 ・インプット要求事項の記録 　―顧客要求事項の網羅 　―SC（顧客指定、組織指定） 　―トレーサビリティ要求事項 　―パッケージング要求事項 　―情報活用プロセス 　　（以前の設計情報、競合製品、供給者情報、内部インプット、市場情報など） 　―製品品質、寿命、信頼性、耐久性、保全性の目標値 　―タイミングの目標値 　―コストの目標値
8.3.3.2 製造工程設計へのインプット		・製造プロセス設計へのインプット ・要求事項の明確化手順 　―製造工程レイアウト

	―設備、金型、ジグ設計 　―工程QC表作成 　―作業手順書作成 ・製造プロセス設計へのインプット 　要求事項の記録 　　―製品設計のアウトプットデータ 　　―生産性、工程能力に関する目標値 　　―コストに関する目標値 　　―顧客要求事項 　　―他の製造プロセス開発の経験 　　―ポカヨケ手法
8.3.3.3 特殊特性	・SCの特定手順は明確か ・サンプリング製品のSCリスト ・CPには全SCを含む ・顧客固有のSCシンボルマーク ・下記文書へのシンボルマーク 　―図面 　―FMEAs記録 　―CP 　―作業指示書 　―プロセス手順書
8.3.4 設計・開発の管理	・設計・開発レビューの実施手順は定められているか ・設計・開発計画書 ・レビュー記録 　―設計結果が要求事項を満たすことの評価結果 　―製造プロセスの設計・開発も対象 　―問題の明確化 　―問題点に対する処置 　―出席者 　―記録管理
8.3.4.1 監視	・設計開発計画書 ・評価及び分析結果はマネジメントレビューへインプットされているか 　―品質リスク 　―コスト 　―リードタイム 　―クリティカルパス
8.3.4.2 設計・開発の妥当性確認	・実施時期と顧客要求タイミングは合っているか
8.3.4.3 試作プログラム	・設計・開発計画書（進捗状況） ・顧客要求に合ったプロトタイププログラム ・プロトタイプCP ・製造条件（可能な限り、量産と同一条件で） 　―供給者 　―ツーリング 　―製造プロセス

		・アウトソースの場合 　―技術的リーダーシップはとったか
8.3.4.4 製品承認プロセス		・製品/プロセスの承認手順は明確か ・手順の顧客承認記録 ・製品/プロセスの承認記録 ・実施時期（製造プロセス検証後） ・供給者に対する製品及び製造プロセスの承認手順 ・承認記録
8.3.5 設計・開発からのアウトプット		・設計アウトプットは何か ・アウトプット記録はインプットと比較検証できる様式 ・次の段階に進める前の承認（承認権者が明確） ・設計アウトプット 　―インプット要求事項との検証 　―購買への情報提供 　―製造及びサービス提供への情報提供 　―製品の合否判定基準 　―安全、適正な使用上不可欠な製品特性
8.3.5.1 設計・開発からのアウトプット―補足		・設計アウトプットは設計検証、妥当性確認ができる表現 ・次の項目を含む 　―DFMEAs 結果 　―信頼性結果 　―製品特殊性、仕様値 　―製品のポカヨケ 　―図面または数値データ 　―製品のデザインレビュー結果 　―診断のためのガイドライン
8.3.5.2 製造工程設計からのアウトプット		・製造プロセス設計のアウトプットは検証、妥当性確認ができる表現になっているか ・アウトプットは次項を含む 　―仕様書及び図面 　―製造プロセス・フローチャート 　―製造プロセスレイアウト 　―PFMEAs 記録 　―CP（工程QC表含む） 　―作業指示書 　―プロセス承認の合否判定基準 　―品質、信頼性、保全性、測定性に対するデータ 　―ポカヨケ活動の結果 　―製品/製造プロセスの不適合の迅速な検出とフィードバックの方法
8.3.6 設計・開発の変更		・設計変更の管理手順は明確か ・設計変更記録 　―レビュー、検証及び妥当性確認の記録 　―実施前承認の記録

	―製品を構成する要素への影響の評価 ―引渡し後の製品に及ぼす影響の評価 ・必要な処置の記録 ・記録管理
8.3.6.1 設計・開発の変更―補足	・製品ライフサイクルを通じての変更管理が対象 ・ソフトウェア・ハードウェアの改訂レベル
8.4 外部から提供されるプロセス、製品及びサービスの管理 8.4.1 一般	・購買管理の実施手順は明確か ・供給者の評価選定基準 ・供給者の再評価基準 ・適切な能力を判断する根拠 ・供給者に対する管理方式 ・購買製品に対する管理方式 ・管理方式は製品実現のプロセス、最終製品に及ぼす影響を考慮しているか ・供給者評価結果記録（評価結果による処置の記録）
8.4.1.2 供給者選定プロセス	・文書化プロセス ・リスク評価（製品品質、供給能力） ・QMS 評価結果 ・第 2 者監査 ・責任部門（購買・調達など）と関連部門（設計、製造、品証など）との情報共有及び対応に対する連携（部門横断的意思決定） ・ソフトウエア開発能力評価結果 ・その他、規格の「望ましい項目」の対応状況
8.4.1.3 顧客指定の供給者（指定購買）	・顧客指定ベンダーリスト ・リスト上の顧客指定購入先からの購買
8.4.2.1 管理の方式及び程度―補足	・文書化プロセス
8.4.2.2 法令・規制要求事項	・適用される規制要求事項は明確か ・法規制への適合証明 ・材料 MSDS（Material Safety Data Sheet） ・文書化プロセス
8.4.2.3 供給者の品質マネジメントシステムの開発	・供給者は ISO9001 に登録済みか ・未の場合の具体的スケジュール ・最終的には IATF に登録するスケジュールはあるか
8.4.2.3.1 組込みソフトウエア製品	・ソフトウェア品質保証プロセス ・ソフトウェア開発プロセス ・ソフト検証記録 ・リスク評価記録 ・ISO26262 ・ASPICE
8.4.2.4 供給者の監視	・供給者監視データは以下を含んでいるか 　―納入部品品質実績 　―市場クレーム 　―顧客への迷惑度

		―納期実績(超過運賃含む) ―品質または納期の懸案事項に関する特別な通達 ・供給者自身によるパフォーマンスを監視しているか 　―供給者が行った監視データの入手
8.4.2.4.1 第2者監査		・供給者との品質保証契約事項 ・文書化した基準 ・監査プログラム ・監査通知 ・監査員リスト ・監査員力量評価記録 ・監査記録 ・所見に対するフォロー ・監査報告書 ・納入パフォーマンス対比
8.4.2.5 供給者の開発		・供給者に対して優先順位付けを付けているか 　―品質実績 　―製品の重要性、など ・第2者監査結果
8.4.3.1 外部提供者に対する情報		・法規制、特殊特性に関する情報を伝達する方法と記録
8.5 製造及びサービス提供 8.5.1 製造及びサービス提供の管理		・品質計画書 ・コントロールプラン(CP) 　―特性情報 　―作業手順書 　―適切な設備使用、設備保全 　―監視及び測定機器 　―監視及び測定の実施 　―引渡し及びサービス活動の実施 ・コントロールプランの実施状況 ・TPM ・工程管理の一時的変更
8.5.1.1 コントロールプラン		・コントロールプラン(CP) 　―システム/サブシステム/コンポーネント/材料/バルク材料に作成 　―プロトタイプ/量産前/量産用をおのおの作成 ・コントロールプラン作成に当たっては 　―DFMEAsの結果考慮 　―PFMEAsの結果考慮 ・コントロールプランは以下の事項を含む 　―製造プロセスの管理手法 　―顧客指定SC、組織指定SCの管理の監視方法 　―顧客要求情報 　―プロセスが不安定または統計的に工程能力不足の際の対応計画及びその開始 ・コントロールプランのレビュー及び更新

		―製品に影響ある変更時 ―プロセスに影響ある変更時 ―測定に影響ある変更時 ―ロジステックに影響ある変更時 ―調達先に影響ある変更時 ―FMEAに影響ある変更時 ・顧客承認文
8.5.1.2 標準作業―作業者指示書及び目視標準		・作業指示書 　―すべての要員に 　―作業場所で使用可能 　―品質計画書、CP、製品実現プロセス関連資料 　―作業の安全確保 　　（プロセスフローチャートまたはプロセスフローダイヤグラムなど）から作成
8.5.1.3 作業の段取り検証		・段取り検証の実施 　―初ロット流動時 　―金型交換時 　―材料替え時 　―ジョブ変更時 ・作業指示書が利用可能 ・統計的手法の使用 ・最終部品比較検証
8.5.1.5 TPM 　（Total productive maintenance）		・キー装置の識別 ・保全に対する資源 ・TPMシステムの展開状況 ・TPMシステムは以下を含む 　―保全活動の計画 　―装置、ツーリング及びゲージの梱包、保存状態 　―交換パーツの即時入手性 　―装置ごとの保全目標の文書 　―及びその評価、改善活動 ・生産装置の有効性及び効率の継続的改善活動
8.5.1.6 生産治工具及び製造、試験、検査治工具と設備の管理		・ツーリング及びゲージの設計、製作及び検証部門に適切な資源 ・生産ツーリングの管理手順 　（管理システム） 以下の事項を含むこと 　―保全・補修部門及び要員 　―保管及びリカバリー 　―段取り替え 　―消耗ツールの交換プログラム 　―ツーリング設計変更文書 　―ツーリングの改造及文書の改訂 　―ツーリングの生産中、修理中、廃棄など状態の識別 ・アウトソースする場合の監視システム ・顧客より借用のツール、検査用ツール類の所有権

	表示は目視かつ恒久的表示になっているか ―ツール、検査用ツール ―顧客所有の通い箱など
8.5.1.7 生産計画	・生産スケジュール 　―JIT（ジャスト・イン・タイム） 　―生産情報即時情報システム 　―顧客注文に従った生産スケジュール
8.5.2 識別及びトレーサビリティ	・識別及びトレーサビリティ手順は明確か ・製品実現の全プロセスを対象としているか ・製品の識別状況 ・製品の合否識別の状況 ・トレーサビリティ顧客要求事項または組織要求事項 ・トレーサビリティ記録 ・検査状態の識別 　―通常の生産フローにおける製品の位置だけでは検査状態を表すことにならない
8.5.2.1 識別及びトレーサビリティ―補足	・製品の識別は必須事項
8.5.4 保存	・製品の保存手順は製品実現プロセスから引渡しまでの全プロセスを含んでいるか 　―識別方法 　―取扱い方法 　―包装 　―保管 　―保護 ・保存状態確認
8.5.4.1 保存―補足	・在庫製品の管理手順は明確か ・在庫状態評価 ・在庫のFIFO状況 　―回転期間 　―回転率 ・旧型在庫の識別及び取扱い
8.5.5 引渡し後の活動	
8.5.5.1 サービスからの情報のフィードバック	・サービス情報フィードバック手順は明確か 　―製造、技術、設計部門へのフィードバック方法 　―顧客クレーム（顧客社内不適合及び市場クレーム）
8.5.5.2 顧客とのサービス契約	・サービスが契約範囲に含まれる場合、以下の事項の有効性検証 　―サービスセンター機能 　―特殊ツール、特殊な測定装置 　―サービス要員の訓練のニーズ及び記録
8.5.6 変更の管理 *8.5.6.1 変更の管理―補足*	・変更管理及び対応手順 ・変更の影響評価、検証、妥当性確認の手順

	―変更の上位システムへの機能上の影響の評価 ―車の機能、性能への影響の評価 ―検証結果の記録 ―妥当性確認結果の記録
8.5.6.1.1 工程管理の一時変更	・工程管理リスト ・代替方法プロセス文書 ・リスク分析について内部承認の記録 ・代替方法の作業指示書 ・コントロールプランへの引用 ・代替工程の運用記録 ・監視の記録
8.6.2 レイアウト検査及び機能試験	・レイアウト検査、機能検証（CP） ・実施記録 　―顧客要求頻度、内容（PPAP） 　―全製品対象 　―顧客に提出
8.6.3 外観品目	・"外観品目"の顧客指定（PPAP） ・"外観品目"の管理手順 　―評価用照明を含む適切な資源 　―色、きめ、光沢、金属艶、生地、DOI のマスター 　―外観マスターパーツの保守管理 　―評価装置の保守管理 　―検査員は外観評価資格 　―検査員の外観評価力量の検証記録
8.6.4 外部から提供される製品及びサービスの検査及び受け入れ	・購買品の品質保証方法は明確か ・下記の１つ以上の実施 　―供給者作成の統計データ 　―サンプリング検査／試験 　―第二者監査結果記録または第三者監査記録 　―部品評価結果（指定試験所） 　―顧客承認の方法（顧客承認文書）
8.6.5 法令規制への適合	・適用される規制要求事項は明確か ・法規制への適合証明 ・材料 MSDS（Material Safety Data Sheet）
8.6.6 合否判定基準	・合否判定基準 　―顧客承認 　―計数値特性の合否判定基準＝ゼロ欠陥
8.7 不適合なアウトプットの管理	・不適合製品管理手順書 　―不適合製品管理の責任者 　―識別 　―不適合製品の除去処置 　―特別採用処置 　―意図された使用禁止処置 　―CP 記載のアクションプラン

	—修正後の再検証 ・特別採用許可（EAPA など） 　　—製品・工程の既承認状態からの逸脱（8.3.4） 　　—決定権限者 　　—顧客承認文書 　　—顧客指示（識別表示など）の実施 ・不適合製品記録 　　—不適合の内容、性質、原因 　　—影響評価 　　—影響評価結果に適切な処置内容 ＊ EAPA＝Engineering Approved Product Authorization
8.7.1.1 特別採用に対する顧客の正式許可	・特採顧客承認文書 　　—製品の承認状態からの逸脱 　　—製造工程の承認状態からの逸脱 　　—数量、期限の承認 ・特殊対応計画書 　　—対応責任者 　　—期限前の解決 　　—出荷容器への識別ラベル ・購入製品への承認手順 ・購入製品の不適合の顧客申請 　　—事前承認後の申請
8.7.1.3 疑わしい製品の管理	・不適合製品の識別 　　—未検査製品、無識別製品など 　　—疑わしい製品
8.7.1.4 手直し製品の管理	・手直し対象の定義 ・文書化したプロセス ・手直し作業指示書 　　—作業現場 ・手直し製品の記録
8.7.1.5 修理製品の管理	・文書化したプロセス ・修理のリスク評価記録 ・作業指示書 ・顧客承諾の記録 ・特採申請／許可記録 ・修理品の記録
8.7.1.6 顧客への通知	・顧客通知の手順 ・通知記録

9. パフォーマンス評価

要求事項	関連する活動・文書など
9.1 監視、測定、分析及び評価	・監視、測定、分析及び改善の計画は明確に 　―製品の適合性実証計画（検査・検証など）なっているか 　―QMS の適合性計画（内部監査など） 　―QMS 有効性の継続的改善計画（是正・予防処置など） 　―統計的手法を含む適用可能な手法 　―その使用の程度
9.1.1.1 製造工程の監視及び測定	・すべての新製造工程の調査 　―工程能力検証の実施 　―CP への追加管理項目 ・工程調査の結果は生産、測定、試験及び保全指示書に反映 ・指示書は下記項目を含む 　―工程能力（C_{pk}）の目標値並びに合格基準 　―信頼性の目標値及び合格基準 　―保全性の目標値及び合格基準 　―稼働率の目標値及び合格基準 ・部品承認プロセス要求事項 　―顧客承認済の C_{pk}、P_{pk}（工程性能）の維持記録 ・CP 及び工程フローの実行 　―計測技術 　―抜取計画 　―合格判定規準、及び 　―不合格時の対応計画 ・ツール交換、マシン修理記録 　―管理図 ・CP には不安定、工程能力不足の品質特性に対する対応計画の記述 　―工程の抑制方法、及び 　―全数検査 ・対応計画の発動記録 ・是正処置計画書 　―期限 　―責任者 ・顧客承認文書 ・工程変更実施日の記録
9.1.1.2 統計的ツールの特定	・品質計画（APQP）の中で統計的手法を決定 ・CP 　―使用する統計的手法の記述
9.1.1.3 統計概念の適用	・統計基本概念の理解度 　―変動、安定、工程能力、過調整など
9.1.2.1 顧客満足―補足	・顧客からのフィードバック

		・顧客満足情報の入手方法 ・顧客満足情報の使用方法 ・顧客満足情報の使用責任者 ・リコール、ワランティ補償記録 ・納期データ
9.1.3.1 優先順位付け		・品質、操業実績値と目標達成状況 　―生産性、品質コスト、品質実績 ・データ分析結果の利用状況 　―顧客関連問題の優先順位付け 　―現状評価、意思決定、長期計画 　―顧客への製品情報収集システム ・ベンチマークとの比較 ・マネジメントレビュー
9.2 内部監査		
9.2.2.1 内部監査プログラム		・文書化したプロセス（内部監査策定プロセス） ・年間監査計画 ・内部監査プログラム 　―第4章　4.8の図4.9　タートル図のインプット ・ソフトウェア開発能力評価結果 ・内部監査プログラムの有効性評価結果
9.2.2.2 品質マネジメントシステム監査		・監査プログラム（年次） ・監査スケジュール ・監査記録 　―QMSの適合性 　―その他要求事項への適合性 　―CSR有効性
9.2.2.3 製造工程監査		・製造プロセス監査の手順（製造プロセスフロー／CPに対して） ・コントロールプラン ・製造プロセス監査の記録 　―全シフト対象 　―Cpk、Ppkの項目の監視 　―プロセスの安定性 　―改善結果の検証 　―工程FMEAの展開
9.2.2.4 製品監査		・製品監査の項目の適切性 　―製品諸元 　―機能 　―ラベル、パッケージング状態 ・製品監査の頻度 ・製品監査記録
9.3 マネジメントレビュー		マネジメントレビュープロセス
9.3.1 マネジメントレビュー　補足		マネジメントレビューの定義（会議体等を含める場合、レビュー事項）、開催頻度、出席者、評価方法

9.3.2 マネジメントレビューへのインプット	記録で確認できること（どの部門からアウトプットされているか、情報の信頼性） a) 前回までのマネジメントレビューの結果とった処置の状況 b) QMSに関連する外部及び内部の課題の変化 c) 次に示す傾向を含めた、品質マネジメントシステムのパフォーマンス及び有効性に関する情報 　1) 顧客満足及び密接に関連する利害関係者からのフィードバック 　2) 品質目標が満たされている程度 　3) プロセスのパフォーマンス、並びに製品及びサービスの適合 　4) 不適合及び是正処置 　5) 監視及び測定の結果 　6) 監視結果（内部、外部） 　7) 外部提供者のパフォーマンス d) 資源の妥当性 e) リスク及び機会への取組みの有効性 f) 改善の機会
9.3.2.2 マネジメントレビューへのインプット―補足	IATF追加事項： a) 品質不良コスト（内部不適合及び外部不適合のコスト） b) プロセスの有効性の対策 c) プロセスの効率の対策 d) 製品適合性 e) 現行の運用の変更及び新規施設又は新製品に対してなされる製造フィージビリティ評価 f) 顧客満足 g) 保全目標に対するパフォーマンスの計画 h) ワランティー補償のパフォーマンス（該当する場合） i) 顧客スコアカードのレビュー（該当する場合） j) リスク分析（FMEAのような）を通じて明確にされた潜在的市場不具合の特定 k) 実際の市場不具合及びそれらが安全又は環境に与える影響
9.3.3 マネジメントレビューからのアウトプット	以下が記録で確認できること ・改善の機会 ・QMSのあらゆる変更の必要性 ・資源の必要性
9.3.3.1 マネジメントレビューからのアウトプット―補足	・顧客のパフォーマンス目標に対する展開結果 ・未達の場合は、アクションプラン（文書化） ・アクションプランの計画と展開

10. 改善

要求事項	関連する活動・文書など
10.2.3 問題解決	・問題解決法の特定 ・顧客指定フォーマットの使用 ・記録（根本原因究明があるか） ・是正処置手順書 　―水平展開（類似製品、工程） ・水平展開記録 ・プロセスアプローチ手法で実施
10.2.4 ポカヨケ	・文書化プロセス 　―ポカヨケ手法活用 　―水平展開に活用 ・実施記録 ・ポカヨケ装置の故障対応計画
10.2.5 ワランティー補償管理システム（該当の場合）	・ワランティー補償管理プロセス ・NTF分析方法 ・実施結果の記録
10.2.6 顧客苦情及び市場不具合品の試験・分析	・返却部品解析プロセス 　―クレーム品（工場、設計、ディーラー）の管理 　―真の原因解析 　―確実な再発防止 　―迅速な実施プロセス（日程管理） 　―解析記録 　―顧客への報告書 　―解析要員の力量
10.3.1 継続的改善―補足	・文書化プロセス ・組織固有の改善プロセス 　例） ・革新的改善活動 　―部門横断的展開、改善計画書 　―現状分析、改善目標、妥当性検証、結果評価 ・ライン活動による継続的改善 ・製品特性、製造工程パラメータの管理図、工程能力値、変動などに対応する改善状況 ・規定値を達成させるまでは是正処置、安定後が改善活動

引用・参考文献

- JIS Q 9000：2015　品質マネジメントシステム―基本及び用語
- JIS Q 9001：2015　品質マネジメントシステム―要求事項
- Automotive Quality Management System Standard IATF 16949 1st Edition 1 October 2016
- JIS Q 19011：2012 品質及び／又は環境マネジメントシステム監査のための指針
- Automotive certification scheme for IATF16949 Rules for achieving and maintaining IATF recognition 5th Edition 1st November 2016
  （IATF 認証取得ルール第 5 版）
- Advanced Product Quality Planning and Control Plan（APQP リファレンスマニュアル）AIAG 版
- Production Part Approval Process（PPAP リファレンスマニュアル）AIAG 版
- Potential Failure Mode and Effects Analysis（FMEA リファレンスマニュアル）AIAG 版
- Measurement Systems Analysis（MSA リファレンスマニュアル）AIAG 版
- Statistical Process Control（SPC リファレンスマニュアル）AIAG 版

索　引

【あ　行】

アウトソーシング······55, 61
アウトソース······72, 77, 87
アカウンタビリティ······39
アクションプラン······104
安全規制······64
安定性······168
移行審査······11
移行認証取得······11
意思決定······16
意思決定プロセス······140
移転審査······147
医療リスク防止ツール······151
インテグリティー······48
インフラ······36
運用面のリスク······135
エアバッグ······174
エスカレーションプロセス······38
エンパワーメント······58
大きなリコール······174
オクトパスモデル······18

【か　行】

開発フェーズ······66
科学的根拠······16
偏り······168
環境規制······64
監査証拠······129
監査ツール······128
監査トレール······123
監査プログラム······38
管理限界線······169
管理ツール······151
管理プロセス······96
規格要求事項······1, 13, 14
規格要素型アプローチ······119
幾何寸法と交差（GD&T）······73
基幹産業······5
基幹プロセス······61
危機管理体制······45
企業責任······1, 40
企業不祥事······1, 40
危険度 RPN······159
技術仕様書······60, 72

基準文書······3
規制有害物質······64
規制要求事項······69, 78
機密保持······1
業務フロー型アプローチ······119
緊急事態対応······1
緊急事態対応計画······2, 44
組込みソフトウェア······68, 72, 75, 177
組立設計······74
繰り返し性······53, 169
クリスマスツリー型······46
クレーム処理プロセス······136
経営資源······21
経営者の責任······33
形骸的監査······128
計画を策定するプロセス······17
ゲージ R&R······53, 170
ケーススタディ······133
検証機能······112
現地審査······144
現地審査活動の実行······149
限度見本······93
現場教育······57
現場の QC 活動······162
コアツール······58
コアツール参照マニュアル······8
コアプロセス······20
航空宇宙セクター規格······19
校正外れ······134
構成部品履歴······73
工程 FMEA······71, 84, 126, 149
工程 QC 表······27, 75
工程管理······99
工程性能······165
工程設計······152
工程調査······99
工程能力······65
工程能力指数······165
工程パラメータ······71
工程フロー図······83, 99
工程レイアウト······75
購買要求事項······77
合否判定基準······95, 99
コーポレート・スキーム······147
顧客固有要求事項······2, 34, 113, 144, 171

索　引

顧客志向プロセス ……………………… 16, 19, 61
顧客的証拠 ……………………………………… 129
顧客フィードバック ……………………………… 16
顧客満足度 ……………………………………… 15
顧客要求事項 ………………… 53, 56, 72, 76, 89
顧客要求スケジュール …………………………… 60
国際認定機関フォーラム ……………………… 143
故障の木解析 …………………………………… 74
故障モード ……………………………… 29, 84, 160
故障モード影響解析 …………………………… 152
個別要求事項 …………………………………… 65
コミットメント …………………………………… 39
コントロールプラン ……… 27, 51, 52, 58, 61, 71, 75,
　　　　　　　　　　　　　83, 92, 99, 165, 185
コンピューター解析技術 ………………………… 63
コンピューターシミュレーション ……………… 178

【さ　行】

再現性 …………………………………… 53, 170
最重要品質特性 ………………………………… 71
最適な展開方法 ………………………………… 16
再発防止 ………………………………………… 24
差異分析 ………………………………………… 48
作業指示書 ………………………………… 64, 84
サプライチェーン ……………… 5, 17, 38, 45, 67, 81
サプライヤー ……………………… 54, 61, 73, 79, 177
サプライヤー選定プロセス ……………………… 1
サプライヤー品質戦略 …………………………… 8
サンプリング ………………………………… 130
支援プロセス …………………………… 16, 20, 25
識別 ……………………………………………… 87
事業計画の策定プロセス ……………………… 46
事業プロセスとQMSとの統合 …………… 46, 114, 125
資源の運用管理 ………………………………… 33
試作プログラム ………………………………… 72
事実と数値 ……………………………………… 16
市場競争力 ……………………………………… 5
市場クレーム ………………………………… 174
システムアプローチ …………………………… 14
システムの有効性 ……………………………… 22
持続的成功 ……………………………………… 15
シックス・シグマ理論 ………………………… 165
シックスシグマ設計 …………………………… 74
実現可能性調査 ………………………………… 65
実行計画書 ……………………………………… 46
実質的変化 ……………………………………… 2
実用段階 ………………………………………… 5
自動運転 ………………………………………… 5
自動車固有要求事項 ……………………… 1, 33, 36
自動車産業QMS規格 …………………………… 78
自動車産業構造 ………………………………… 5
自動車セクター規格 ……………………… 10, 19, 43
自動車メーカー要求事項 ………………………… 2
ジャストインタイム ……………………………… 87
重点指向のプログラム ………………………… 118
上位プロセス …………………………………… 25
上申プロセス ……………………………… 99, 182
情報セキュリティー …………………………… 63
ショック療法 …………………………………… 57
人材資源の運用管理PDCA …………………… 49
審査焦点 ……………………………………… 149
新製品の品質計画 ……………………… 26, 41
人的資源 ………………………………………… 36
ステークホルダー ……………………………… 36
成果物 ………………………………………… 21
制御ソフトウェア ………………………………… 5
生産トライアル稼働 …………………………… 90
生産部品承認プロセス …………………… 29, 73
製造及び組立計画 ……………………………… 74
製造工程監査 ………………………………… 119
製造工程監査員 ………………………………… 57
製造工程パラメータ …………………………… 29
製造工程フローチャート ……………………… 74
製造品質データ ……………………………… 137
製造フィージビリティ ……………… 27, 51, 62, 65
製造プロセス ……………………………… 21, 58
正当性 …………………………………………… 35
製品安全 ………………………………………… 1
製品監査員 ……………………………………… 57
製品実現 ………………………………………… 34
製品実現プロセス ……………………………… 19
製品設計リスク分析 …………………………… 66
製品適合性 ……………………………………… 76
製品特性 …………………………………… 5, 29
製品要求事項 …………………………………… 69
製品ライフ ……………………………………… 14
世界スタンダード ……………………………… 9
世界的な製品リコール ………………………… 1
セクター規格 …………………………………… 8
是正処置対策 …………………………………… 84
設計FMEA ………………………………… 38, 71
設計凍結 ……………………………………… 157
設備設計 ………………………………………… 75
ゼロ・ディフェクト ……………………………… 95
潜在的影響 ………………………………… 38, 42
潜在的故障モード …………………………… 156
潜在リスク ………………………………… 24, 66
全数検査 ………………………………………… 99
相関分析 ……………………………………… 162
総合的な生産保全 ……………………………… 86

索　引

遡及処置 …………………………………… 60
測定システム解析 …………………… 48, 52
測定のトレーサビリティ …………… 48, 49
組織の事業プロセス ………………………… 1
組織の事業マネジメント …………………… 1
組織の知識 ………………………………… 56
組織のパフォーマンス ………………… 140
ソフトウェア組込み部品 …………………… 1
ソフトグレーディング ………………… 136

【た　行】

タートル図 ………………… 22, 118, 128, 185
タートル分析 …………………………… 138
対応マトリックス ……………………… 37
体系的方法論 …………………………… 74
代替管理方法 …………………………… 91
代替生産方法 …………………………… 45
達成基準の明確化 ……………………… 16
妥当性確認 ……………… 72, 75, 85, 90, 161
妥当性評価 ……………………………… 48
妥当性検証 ……………………………… 51
妥当性の検証 …………………………… 178
多様化 …………………………………… 5
多様性 …………………………………… 5
チェックポイント ……………………… 84
チェックリスト ………………… 126, 185
逐条チェックリスト …………………… 126
地産地消 ………………………………… 7
中長期事業計画 ………………………… 46
直線性 ………………………………… 168
ツーリングコスト ……………………… 65
適合証拠 ………………………………… 68
適法性 …………………………………… 5
デザインレビュー ……………………… 73
デファクトスタンダード ……………… 8
電子部品産業 …………………………… 7
同期性 …………………………………… 5
統計的手法 ……………………… 52, 162
統計的調査 ……………………………… 52
統計的ツール ………………………… 100
統計特性 ………………………………… 53
道路運送車両法 ……………………… 175
トータル・プロダクティブ・メインテナンス … 185
トーナメント型 ………………………… 46
特殊特性 ……………… 29, 64, 70, 81, 99, 133, 176, 185
特別輸送費 ……………………………… 29
トップマネジメント ………… 25, 39, 46, 51, 182
トレーサビリティ …… 29, 38, 60, 69, 73, 81, 87, 95
トレース ……………………………… 131
トレードオフ曲線 ……………………… 70
トレール ……………………………… 128

【な　行】

内部監査員資格 ………………………… 2
内部監査の視点 ……………………… 115
内部告発 ……………………………… 180
人間工学 ………………………………… 51
人間工学的要求事項 …………………… 70
認証範囲 ………………………………… 3
抜き取り計画 …………………………… 99
年度事業計画 …………………………… 46

【は　行】

パートナーシップ ……………………… 42
バックアップ …………………………… 91
パッケージ化 …………………………… 8
パフォーマンス評価 …………… 34, 98
パフォーマンス要求 …………………… 9
バルク材料 ……………………………… 83
パレート図 …………………………… 162
ビジネスパートナー ……………… 17, 36
ビジネスモデル変化 …………………… 36
ヒヤリ・ハット ……………………… 112
評価指標 ………………………………… 46
評価ツール …………………………… 151
品質改善活動 …………………………… 57
品質管理計画書 ………………………… 84
品質管理手法 ………………………… 151
品質保証 ………………………………… 14
品質保障体系図 ………………………… 19
品質マニュアル ………………… 27, 185
品質マネジメント ……………………… 13
品質マネジメントシステム …… 33, 49, 54, 72, 114
品質マネジメントシステム監査 …… 118
品質マネジメントシステム認証 ……… 8
品質マネジメントシステムの計画 …… 33
品質マネジメントシステムの適用範囲 … 35
品質マネジメントシステム文書 ……… 59
品質要求事項 …………………………… 57
品質用語 ………………………………… 13
フィードバック ……… 48, 69, 82, 89, 182
封じ込め ………………………… 41, 96
不祥事 ………………………………… 175
物流要求事項 …………………………… 62
部品承認プロセス ……………………… 61
部門横断機能 ………………………… 182
部門横断的アプローチ ……… 27, 51, 65, 70
部門参加型 ……………………………… 67
部門縦型展開 …………………………… 67
部門手順型アプローチ ……………… 119

ブラックボックス ·· 177
フルシステム審査 ··· 149
ブレークダウン ··· 14
プログラムソフトウェア開発 ······························ 69
プロジェクトマネジメント ···································· 66
プロセスFMEA ·· 38
プロセスアプローチ ························ 1, 14, 36, 98, 185
プロセスアプローチ型監査 ································ 112
プロセス運用 ·· 36, 49
プロセスオーナー ······························ 18, 36, 40, 135
プロセスサイズ ··· 21
プロセスチェックリスト ···································· 128
プロセスの要素 ·· 123
プロセス標準 ·· 54
プロセスフローチャート ···································· 128
プロセスモデル ··· 21
プロトタイプ ·· 72
米国特殊事情 ·· 9
米国ビッグ3 ·· 8
変更履歴管理 ·· 60
ベンチマーキング ····························· 65, 69, 112
法規制遵守 ·· 9
法規制情報処理プロセス ······································ 81
法規制変更 ··· 36
ポカヨケ ··································· 27, 70, 73, 91, 96
保全計画 ··· 75

【ま 行】

マテリアルハンドリング ······································ 50
マネジメントプラン ··· 21
マネジメントプロセス ··································· 16, 20
マネジメントプロセスの監査 ···························· 115
マネジメントレビュー ············ 40, 51, 71, 85, 98, 140
ムダ、ムラ、ムリ ·· 51
メーカーテストラボ認証 ····································· 55
メガリコール ··· 40, 173
目標の実行計画 ·· 46

【や 行】

有害規制物質 ·· 94
有効性 ···································· 16, 17, 42, 48, 98, 135
有効性のレビュー ·· 44
有効なツール ·· 24
優良自動車サプライヤー ···································· 149
輸出産業 ··· 7
要求事項 ······················ 1, 9, 19, 33, 38, 52, 55, 56, 61, 65, 185
予知保全 ·· 29, 86
予防処置 ··································· 1, 24, 44
予防保全 ·· 29, 86

【ら 行】

ラベリング要求事項 ··· 73
ラボラトリースコープ ··· 55
リアクションプラン ··· 38
リーダーシップ ·· 15, 39
利害関係者 ·· 36
リコール ······················ 1, 60, 64, 68, 78, 88, 90, 108, 136, 162
リコール法 ·· 173
リコール防止・回避の施策 ···································· 9
リコールリスク回避策 ··· 60
リサイクル環境影響 ··· 64
リスク ··························· 24, 44, 56, 69, 79, 84, 88, 151, 178
リスク回避 ··· 3, 95
リスク思考 ·· 2
リスクに基づく考え方 ······························ 1, 38, 43
リスク評価 ·· 53, 75
リスク分析 ······················· 1, 43, 58, 61, 65, 70, 80, 83, 90, 96
リスク分析チェックシート ································· 65
リスク防止活動 ·· 43
リスク予防ツール ·· 152
リストラクチャリング ··· 56
リファレンス・マニュアル ································ 151
リモートロケーション ··· 11
量産性 ·· 5
レビュー ························· 16, 35, 40, 54, 65, 93, 129, 137
レファレンスマニュアル ····································· 52
ログ（記録簿）·· 60

【わ 行】

ワークシート ·· 24, 185
ワイブル分布 ·· 162
ワランティー ·· 2
ワランティー補償 ·· 107
悪いISO文化 ·· 121

【英 数】

5原則シート ··· 107
AIAG ·· 2, 151, 167
APQP ······································· 8, 27, 51, 61, 66, 151, 178
APQPリファレンス・マニュアル ······················· 65
AVSQ ·· 9
BCP（事業継続計画）··· 45
CFT活動 ·· 100
CFTチーム ·· 51, 178
COP ·· 61, 138
Cp ··· 165
Cpk ·· 99
DFA ·· 68
DFM ··· 68

索　引

DFMA ·· 74
DFSS ·· 74
EAQF ··· 9
EEC Directives ··· 175
EMS（環境マネジメントシステム）······················ 64
EPA ·· 175
FMEA ·· 8, 152, 178
FMEA 記録 ··· 64
FMVSS ·· 175
FTA ··· 74
IAF ·· 143
IoT（モノのインターネット）································· 5
Major NC ·· 132
Minor NC ·· 133
MSA ·· 8
MTBF ·· 85
MTTR ·· 85
NTF ·· 108
OEE ··· 85
OJT ··· 57
PDCA ··· 1, 22, 46, 140
PFMEA ··· 58, 75, 99
PL 社会 ··· 9

PPAP ································· 8, 29, 61, 73, 90, 151
Ppk ··· 99
QC 工程表 ·· 84, 167
QMS ······································ 11, 19, 25, 35, 43, 45
QMS 監査員 ·· 57
QMS 業務フロー ··· 19
QMS 成熟度 ·· 130
QMS のパフォーマンス ······································· 34
QMS プロセス ·· 42
QMS マネジメント ··· 3
QMS 要求事項 ·· 78
QS-9000 ·································· 2, 8, 54, 90, 151, 184
RPN ·· 149
R 管理図 ··· 163
SPC ·· 8
TPM ·· 81, 85
TQC/TQM ··· 59, 111
TQM ··· 14
TS ··· 52, 60, 119
T 型アプローチ ·· 130
VD6.1 ··· 9
VDA ··· 2
$\bar{X}$-R 管理図 ·· 163

■著者プロフィール

長谷川武英（はせがわ　たけひで）

クォリテック品質・環境システムリサーチ代表(マネジメントシステム・コンサルティング、企業教育・研修)

資格：
- JAB（日本適合性認定協会）認定審査員（品質マネジメントシステム、航空宇宙 品質マネジメントシステム、環境マネジメントシステム、エネルギーマネジメントシステム）、試験所技術専門家、検査機関技術専門家
- IAF/PAC（国際認定機関フォーラム／太平洋地域認定協力機構）国際相互承認のための登録相互評価員（Peer Evaluator）
- ASQ（アメリカ品質学会）自動車部門正会員

経歴：
- 元日本自動車工業会／品質システム WG 副主査／海外技術管理部会メンバー
- 元本田技研工業株式会社 技術主幹
  本田技研在職中は、法規認証、開発管理、品質管理・保証・監査、製造品質、市場品質など自動車の「開発―製造―市場」の品質全領域を約 28 年実践。
  欧州駐在員として合計 10 年、ISO 製品規格の WG 活動支援、EEC 指令の調査・分析、製品認証、英国ローバーグループへの品質改善支援リーダー、英国工場で QMS 構築リーダー等の経験を経て、ホンダの QMS グローバルモデル初期構築に成果をあげる。
- 本田技研在職中、日本自動車工業会の推薦を得て、JAB 技術専門家（自動車）、JAB 認定審査員として認証機関の認定審査活動で現在に至る。
  国際レベルでの豊富な経験をベースに、TQM 及び QA 理論に裏付けられた手法、及び現場、現物を重視した指導には定評がある。重大品質問題（リコール）リスク分析の指導を自動車部品メーカーに実施。
- JAB 主催「ISO9001：2015 改定に関する認証制度関係機関向けセミナー」講師

著書：ISO マネジメント誌に「ISO/TS16949 早分かり」、「内部監査実践法」の連載、単行本「ISO9001：2000 内部品質監査員の実務入門」、「よくわかる ISO/TS16949 自動車セクター規格のすべて」、「目からうろこ　ホンダ流企業品質 50 のヒント」（日刊工業新聞社）等がある。

e-mail：qtec@beige.ocn.ne.jp

西脇　孝（にしわき　たかし）

日本検査キューエイ株式会社（JICQA）取締役 審査本部長
（株式会社 SRI-JICQA コーポレーション代表取締役社長を兼任）

資格：
- ISO9001、ISO14001 主任審査員
- ISO/TS16949（IATF16949）フルグリーン審査員

経歴：
- 1976 年株式会社神戸製鋼所に入社し、線材・棒鋼の圧延技術者として自動車用鋼材の品質改善や生産技術開発を担当した。この間、イギリスやフランスの鉄鋼メーカーに対する技術協力や米国オハイオ州の US スチール製鉄所の勤務などを経験した。
- 1998 年に日本検査キューエイ株式会社（JICQA）に入社し、ISO 9001、ISO 14001 審査のほか自動車セクター規格 QS-9000 審査員として数多くの審査を経験してきた。
- 2003 年に米国ペンシルベニア州ピッツバーグの ISO 認証機関 SRI 社のスポンサーシップにより、新しい自動車セクター規格 ISO/TS 16949 審査員資格を取得した。
- 現在は SRI との合弁会社株式会社 SRI-JICQA コーポレーション（2008 年に設立）の代表取締役社長を務める一方で、日本検査キューエイ株式会社（JICQA）取締役・審査本部長として QMS 及び EMS 審査の品質維持向上に取り組んでいる。

その他
- 月間アイソス誌「ISO9001：2015 年版への移行対応」（No.219 2016 年 2 月号）など特集記事を執筆。
- アセアン各国の若手官僚・企業リーダー向け ISO9001/ISO14001 統合 MS セミナー（JICA がシンガポールで開催）の主任講師を担当。
- 日本鋳造工学会や鉄鋼協会品質管理部会等で ISO9001 に関する講演や特集記事の執筆。

e-mail：NishiwakiF@aol.com

**よくわかる　IATF 16949
自動車セクター規格のすべて**　　　　　　　　　　NDC 509.6

2017年1月30日　初版1刷発行　　　（定価はカバーに表
2024年6月28日　初版5刷発行　　　　示してあります）

　　　　　　Ⓒ著　者　長　谷　川　武　英
　　　　　　　　　　　西　　脇　　　　孝
　　　　　　　発行者　井　　水　　治　　博
　　　　　　　発行所　日　刊　工　業　新　聞　社
　　　　　　　　　　　東京都中央区日本橋小網町 14-1
　　　　　　　　　　　　　　（郵便番号 103-8548）
　　　　　　　　　　電話　書籍編集部　　03(5644)7490
　　　　　　　　　　　　　販売・管理部　03(5644)7403
　　　　　　　　　　FAX　　　　　　　　03(5644)7400
　　　　　　　　　　振替口座　　　　00190-2-186076
　　　　　　　　　　URL　　https://pub.nikkan.co.jp/
　　　　　　　　　　e-mail　info_shuppan@nikkan.tech

　　　　　　　印刷・製本　新日本印刷（POD1）

落丁・乱丁本はお取り替えいたします．　　2017 Printed in Japan
　　　ISBN978-4-526-07658-9

　　本書の無断複写は，著作権法上での例外を除き，禁じられています．